Angelo Cardillo

FORMICHE DA TUTTE LE PARTI

Suggerimenti per l'allevamento delle formiche

© 2016-2018, Angelo Cardillo Tutti i diritti riservati.
ISBN 978-1-326-49841-2

È vietata la riproduzione dell'opera o parti di essa, con qualsiasi mezzo, compresa stampa, copia fotostatica, microfilm e memorizzazione elettronica, se non espressamente autorizzata dall'autore.

Ogni violazione sarà perseguita ai termini di legge.

Impaginazione interni – editing:
Barbara Sonzogni
www.barbarasonzogni.it

Premessa

In questo testo tratto l'argomento "formiche" e il loro allevamento in modo facilmente fruibile, tralasciando termini tecnici e scientifici. Ad esempio, non scriverò che le formiche del genere *Polyergus rufescens* usano la "dulosi" (dal greco *duolos* = schiavo) per fondare nuove colonie; dirò invece che sono formiche schiaviste.

Lo scopo di questo stile di scrittura è rendere facile la comprensione ai non addetti ai lavori. Non mi riferirò comunque alle formiche con nomi quali "formica nera" o "formica rossa" solo perché davvero poco chiari, essendoci moltissime specie con queste caratteristiche.

Presentazione breve

Ho avuto la fortuna di vivere in una zona piuttosto verde, nella periferia a nord di Milano. Vicino a casa mia c'erano ettari di bosco, oggi ormai rasi al suolo. Ho frequentato le elementari in una scuola molto particolare, a Bruzzano, dove ho avuto la fortuna di trascorrere cinque anni a contatto con animali da cortile, colombe pavoncelle, pesci, api, galline, asini, pecore, fagiani ecc.

Un giorno, nella biblioteca della scuola trovai un libro, di cui ricordo ancora il titolo, *Kontika avventurosa formica*[1], che mi affascinò per le grandi e dettagliate immagini delle formiche. Non so come, ma ricordo che pensavo che la storia narrata fosse assurda, infantile e un po' stupida.

Uno dei primi ricordi che ho dell'allevamento e della ricerca di formiche, credo risalga alla II o III elementare. Avevo trovato una piccola colonia di *Myrmica sp.* (allora la chiamavo "formica rossa primitiva") che, se non sbaglio, era venuta alla luce in seguito ad alcuni lavori in un tombino di una delle fontane del parco della scuola. Ricordo

---

[1] Pat Ferrer, Angelo Boglione, *Kontika avventurosa formica*, ERI Edizioni RAI Radiotelevisione Italiana 1965.

benissimo, come fosse ieri, che un mio compagno di classe, per dispetto, buttò a terra il mio bicchiere di plastica bianco con i preziosi animaletti. A quel punto non ci vidi più dalla rabbia e gli saltai addosso, stendendolo. Lui, nel tentativo di difendersi, avvicinò le sue mani al mio viso e a quel punto ne approfittai per mordergli le dita, da buona formica. Ricordo che fu il morso che diedi con maggiore forza, fino a quando non sentii cedere le sue falangi sotto i miei denti. Dopo di che lo abbandonai a se stesso, urlante e piangente, e mi rimisi subito a recuperare le povere formiche. Come mi aspettavo che accadesse, fui portato in presidenza, ma, per fortuna, non prima di essere riuscito a sistemare quasi tutte le formiche.

Un altro ricordo, sempre degli stessi anni, è quello della colazione, che facevo ogni mattina con latte, zucchero e cioccolato in polvere (di una nota marca), tenendo contemporaneamente davanti a me un vasetto con un formicaio di formiche gialle (dovevano essere *Lasius umbratus*), nel quale c'era anche una giovane regina. Mettevo qualche goccia di latte sopra una moneta da 50 lire per la loro colazione. Mi piaceva vedere come l'addome delle operaie si dilatasse e cambiasse colore mentre si riempiva di latte. Ci tenevo molto a quella colonia, perché avevo sempre avuto molta difficoltà a farla fondare. Solo anni dopo scoprii che si trattava di formiche parassite in fase di fondazione.

Ottenni quella colonia fornendo a una regina dealata un bel gruppo di operaie dello stesso nido. Avevo già tentato altre volte, ma solo in quella occasione ci riuscii. Ricordo che apprezzavo molto quella specie perché, rispetto alle altre, aveva una tendenza quasi nulla ad arrampicarsi sul vetro del barattolo.

I nidi che usavo a quel tempo erano molto semplici: un barattolo di vetro, con al centro un tappo della schiuma da barba di mio padre (gli sparivano sempre), così da lasciare un'intercapedine di circa 1 cm. Poi lasciavo cadere dei sassolini e ricoprivo il tutto di terra, fino a raggiungere la sommità del tappo della schiuma da barba. Allora non usavo antifuga, non ci avevo pensato. Per la fondazione delle nuove colonie usavo invece le scatole trasparenti di TIC-TAC.

A quei tempi, ignoravo moltissime cose, anche perché non c'erano tante fonti d'informazione, ma ne sapevo molte altre che, ancora oggi, non so come avessi imparato.

Le mie colonie, eccetto quelle delle termiti, purtroppo tendevano a scomparire durante le vacanze estive. Nonostante le istruzioni date al custode che ci controllava la casa, le mie povere formiche morivano di fame o di sete. Un trauma che si rinnovava ogni anno. A resistere di più erano quelle che riuscivo a portare in vacanza con me.

Già allora avevo ben chiaro il sistema di "adozione" possibile con alcune specie di formiche, soprattutto con i *Lasius*. Quelle esperienze ancora oggi mi fanno guardare ad esempio ai *Lasius emarginatus* con sospetto, quando si tratta di utilizzarli come "assistenti" o "balie". Ricordo una regina di *Lasius niger* (gruppo) ancora viva quando tornai dalle vacanze. Le diedi in aiuto gli unici bozzoli che riuscii a trovare, e cioè *Lasius emarginatus*. Tutto sembrava andare bene ma, quando nascevano le operaie figlie legittime, le *L. emarginatus* le uccidevano tutte. Una catastrofe insomma. Dispiaciutissimo, risolsi il problema aspettando che tutte le larve della regina si trasformassero in pupe per poi svuotare il barattolo (un trauma per le povere formiche) e separare la regina dalle operaie di *Lasius emarginatus*.

Tra gli errori che commettevo, c'era quello di non dare loro gli insetti. Se mi ferivo, fornivo qualche goccia di sangue, che spesso le formiche mangiavano, sebbene non fosse un alimento adeguato. La salvezza era dare loro del latte intero con aggiunta di zucchero e cacao. Questo sistema è usato anche adesso da alcuni allevatori, magari senza il cacao…

Se allora avessi avuto una fonte d'informazione semplice e attendibile, le cose sarebbero andate molto meglio. Ed è su quest'ultimo aspetto che si basa questo mio lavoro, creato proprio con la speranza di poter offrire un utile strumento informativo ai nuovi allevatori d'insetti sociali.

Un po' di storia

"Formiche" (*Formicidae*) è il nome generico per indicare questi insetti, e include una vastissima famiglia d'insetti imenotteri, imparentati con vespe e api.

Le formiche hanno conquistato quasi tutti gli ambienti disponibili, dalle steppe nordiche fino alle foreste tropicali, senza dimenticare deserti e alberi. Ve ne sono anche alcune piuttosto rare che si sono adattate ad ambienti ipogei, intesi come grotte. Sono insetti eusociali, caratteristica che hanno in comune con le loro parenti più strette, api e vespe; queste ultime, a differenza delle prime, hanno tante specie completamente solitarie. A volte le formiche posso-no anche essere parassiti sociali a vari livelli di altre specie a loro simili.

Contrariamente a quanto spesso si crede, le formi-che hanno le ali. Per essere più precisi, ha le ali solo la casta dei sessuati che comprende maschi e femmine. I maschi sono quelli che le useranno di più, perché una volta deciso di uscire dal formicaio voleranno fino allo sfinimento alla ricerca di femmine della stessa specie. In alcune specie di piccole formiche, ci sono dei maschi che nascono senza ali, ma con mandibole e corpo molto resistenti e adatti al combattimento. Non si occuperanno di difendere il nido, se non in casi veramente eccezionali, ma useranno queste armi per uccidere i propri fratelli, nati dopo di loro, e per bloccare e accoppiarsi con le sorelle alate, prima che queste partano per il volo nuziale. Non daranno grosse noie ai loro fratelli alati perché concorrenti indiretti; infatti, questi ultimi si accoppieranno solo in volo e comunque dopo di loro.

Le femmine fertili, dette anche "regine", subito dopo uno o più accoppiamenti, atterrano e, dopo essersi tolte le ali, cercano un riparo sicuro per fondare una nuova colonia. Anche in questo caso ci sono delle eccezioni: in alcune specie a volare sono solo i maschi, che si spostano dal formicaio di origine per accoppiarsi con le regine di altre colonie; queste, sebbene abbiano le ali, non volano ma li attendono nelle camere più esterne o in superficie. Soprattutto le regine delle specie che ricorrono a questo sistema riproduttivo, una volta fecondate abbandonano la colonia madre, da sole o in piccoli gruppetti, a volte anche accompagnate da un certo numero di operaie. Un classico esempio sono le *Messor structor*. Normalmente la regina si accoppia una volta sola e vive fino a 15-20 anni producendo sempre prole che, per la maggior parte, si origina dall'unione dei suoi ovuli con lo sperma che conserva in appositi organi. Un'eccezione è rappresentata dalle regine del genere africano *Dorylus*: la loro regina si accoppia una volta l'anno, probabilmente a causa della grandissima produzione di uova, che rende le colonie molto numerose, fino a 20.000.000 individui.

Chi si occupa di tutte le attività vitali della colonia è la casta delle "operaie", femmine non fertili e di regola non in grado di produrre uova. Anche in questo caso, però, ci sono delle eccezioni. Alcune operaie, soprattutto in assenza di regina, producono uova sterili che normalmente sono fornite come cibo alle larve, figlie della regina. In caso di assenza prolungata di una regina, alcune specie di formiche possono produrre uova che daranno origine a formiche maschio, perché non fecondate. Questo garantisce che, ad esempio, una colonia in fase di esaurimento abbia ancora delle possibilità per diffondere il proprio corredo cromosomico tramite l'accoppiamento con altre regine. In altre specie ancora, i maschi possono accoppiarsi con delle operaie che daranno origine ad altre formiche operaie.

In alcune specie, sembra confermato che, in una colonia matura, i maschi nascano da uova di operaie mentre le femmine da quelle delle regine. Ci sono specie dove addirittura le regine e i maschi non esistono. Le operaie producono uova che originano altre operaie, ossia dei veri e propri cloni. In altre formiche parassite non esistono invece le operaie: le regine e i maschi vivono sul corpo della regina parassitata e si fanno nutrire dalle figlie di quest'ultima. Insomma, anche in questo caso le formiche hanno una vasta gamma di varianti, a volte incredibili.

In alcune specie sono presenti delle caste differenti, che vantano varie specializzazioni e che, di solito, sono chiamate "soldato". In realtà dovrebbero essere chiamate "soldatesse", poiché femmine.

Ci sono soldati grandi e grossi usati per la difesa attiva delle sorelle. Nel caso delle miti e agili *Camponotus truncatus*, i soldati hanno la testa grossa e a forma di tappo e la utilizzano per bloccare gli ingressi del formicaio. Quando non lavorano, i soldati sono usati come veri e propri contenitori.

In alcune specie nostrane, le soldatesse sono enormi e aggressive e servono attivamente alla difesa, come nel caso delle *Camponotus* maggiori italiane, *C. vagus*, *C. herculeanus*, *C. ligniperda* e *C. cruentatus*.

In altre specie, alcune operaie si specializzano a contenere cibo zuccherino, in modo da diventare delle vere e proprie otri viventi e le compagne le visiteranno per nutrirsi o rifornirsi.

Camponotus vagus

Ci sono infine specie di formiche che, non avendole come classe lavoratrice, si procurano le operaie rapendole da altre specie compatibili. Questo è il caso delle *Polyergus rufescens*, che organizzano vere e proprie sortite in nidi vicini (fino a 50/80 m) allo scopo di rubare i bozzoli di formiche appartenenti al genere *Formica*, così da garantirsi delle lavoratrici.

Si suol dire che le *Polyergus rufescens* siano delle formiche schiaviste e che le giovani formiche catturate dagli altri nidi siano schiave. In realtà questo non va inteso in senso "umano": non c'è infatti nessun atteggiamento di sfruttamento o d'imposizione. Le operaie faranno quello che sanno fare normalmente, ma soltanto a vantaggio di altre formiche. Ma approfondiremo questo aspetto successivamente, quando tratteremo questa specie.

Regina di *Polyergus rufescens* accudita da operaie di *F. cunicularia*.

Evoluzione

«Le formiche sono apparse sulla terra tra 140 e 168 milioni di anni fa, evolvendosi dalle vespe solitarie. La loro comparsa è contemporanea a quella delle angiosperme e quindi ai fiori. Finora, il più antico fossile ritrovato che ne testimonia l'esistenza risale al tardo Cretaceo e appartiene a una specie con molte caratteristiche fisiche vespoidali (occhi composti grandi, scapi ridotti e addome flessibile), battezzata col nome scientifico *Sphecomyrma freyi*.

Finora si conoscono circa cinque sottofamiglie estinte. Le specie più antiche esistenti ancora oggi appartengono ai generi *Amblyopone* e *Proceratium*, sebbene la specie più primitiva, che conserva una struttura sociale tipica delle prime specie comparse, sia la *Prionomyrmex macrops*».[2]

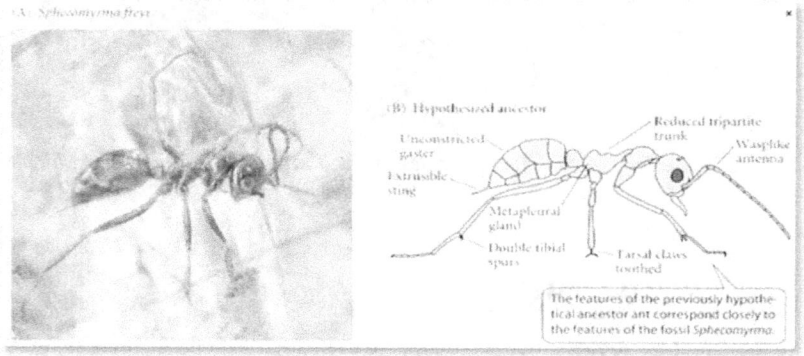

Sphecomyrma freyi

---

[2] Fonte: Wikipedia

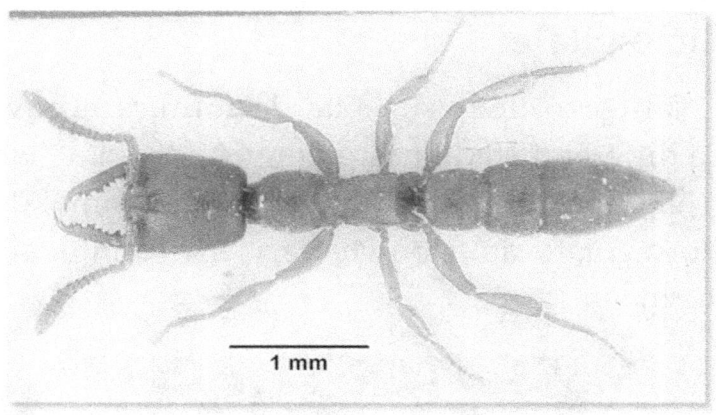

Amblyopone silvestrii

Caratteristiche generali

La suddivisione del corpo delle formiche adulte è comune a molti altri insetti: capo (33), torace (34) e addome (35+36).

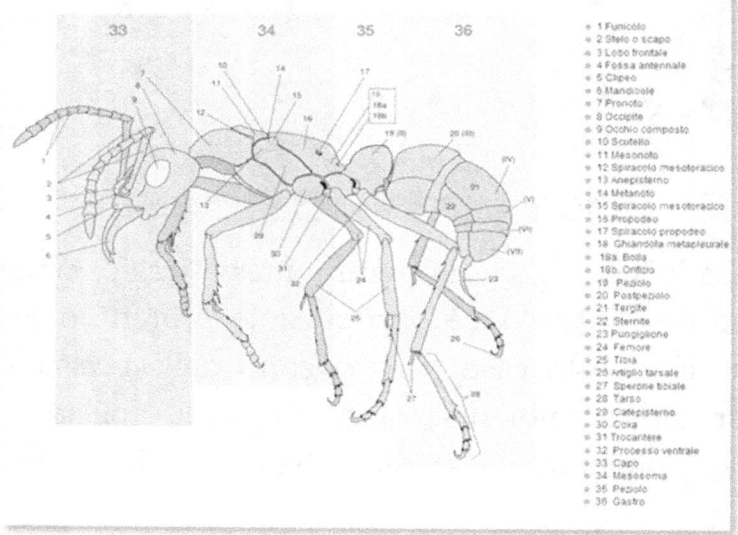

Ciclo vitale

Nel corso della sua vita, la formica attraversa tre differenti stadi: nasce "uovo", diventa "larva" e, alla fine del suo accrescimento massimo, di solito regolato dal cibo che le viene fornito, si trasforma in "pupa".

Uova, larve a vari stadi e pupe nude di *Formica sp.*

La larva, prima di operare questa trasformazione, tesse intorno a sé un bozzolo protettivo. Anche in questo caso però ci sono delle eccezioni: per cause ambientali o nutrizionali, specie che sono solite fare il bozzolo, talvolta non lo fanno.

Dal bozzolo avrà origine una formica nella dimensione e forma definitiva. È da evidenziarsi che una formica operaia piccolina non crescerà mai.

Le piccole larve possono essere di due tipi: mobili e semindipendenti o quasi inette. Nel primo caso, si avventano sul cibo, che le sorelle trascinano alla loro portata. Queste larve, in grado di nutrirsi da sole e di spostarsi abbastanza agevolmente, assomigliano molto alle larve delle mosche. Altre larve sono quasi inette e devono essere aiutate o nutrite una a una dalle operaie. Di solito, le larve in grado di spostarsi da sole appartengono a specie più primitive.

Il tempo necessario per passare da uno stadio all'altro si riassume indicativamente come segue:

1) da uova a larva: 10 giorni
2) da larva a pupa: 15 giorni
3) da pupa a formica: 15 giorni

La velocità di trasformazione dipende da vari fattori tra i quali i più importanti sono il tipo di cibo fornito e la temperatura.

Operaia e pupe imbozzolate di *F. fusca* e regina di *F. truncorum*.

Durante l'inverno le larve possono mantenere lo stesso stadio fino a sei mesi. A parità di condizioni di umidità e temperatura, ci sono poi specie più lente di altre.

Le operaie di solito vivono 2 o 3 anni; le regine possono vivere da 10 a 20 anni e a volte di più. I maschi vivono molto meno, soprattutto dopo essere usciti dal formicaio. Il mondo per le formiche è comunque molto pericoloso e le operaie di solito non sopravvivono a lungo, salvo che abbiano raggiunto una presenza dominante sul territorio, ottenendone il totale dominio, come avviene in alcuni casi con le formiche del gruppo *Formica ru-*

fa. Le formiche esercitano una pressione piuttosto forte sugli altri insetti nel loro ambiente naturale.

Operaia di *F. cunicularia* che ha trascinato un pezzo di camola nella stanza delle larve. Una di esse ha iniziato a nutrirsi autonomamente in modo simile a come fanno le larve di Manica rubida.

In base allo stadio della covata, una colonia di qualche anno consuma 1 gr al giorno di insetti. Ciò significa che in un mese possono consumarne 30 gr e in un anno, calcolando circa 4 mesi di fermo per l'inverno, possono utilizzare 250 gr di prede, ossia piccoli animali che vengono sottratti all'ambiente, limitando così i danni alle varie colture. Per nidi maturi la cifra può benissimo essere anche tripla o addirittura maggiore.

Comunicazione

Le formiche utilizzano diversi sistemi di comunicazione, che possono consistere in movimenti del corpo e delle antenne, nel modo di camminare e soprattutto negli odori. L'odore di ogni formica è grossomodo suddiviso in due tipologie: l'odore della specie e l'odore della colonia di appartenenza. Pertanto una *Formica fusca* "saprà" di *Formica fusca* per tutte le altre formiche e, secondariamente, avrà il suo odore, caratteristico della colonia. Potremmo dire che è come se parlasse un dialetto "fuscoso" tutto suo. In caso d'incontri con altre formiche, come ad esempio la *Formica exsecta*, sarà riconosciuta come *fusca* e quindi ignorata. Un comportamento differente sarebbe invece rivolto alle operaie di *Formica cunicularia*, qualora attraversassero il territorio delle *Formica exsecta*. Formiche parassite come le *Polyergus rufescens*, che vivono in una colonia con la *Formica fusca*, "parleranno" lo stesso loro dialetto e saranno considerate dalle altre vicine come tali. Dal canto loro le *Polyergus rufescens*, "conoscendo" quel dialetto, andranno tendenzialmente a caccia solo di schiave che lo parlino. Ci sono specie che non hanno questa rigida regola: per loro chiunque "parli" il proprio dialetto di specie è amico. Ad esempio, la *Camponotus nicobarensis* oppure la *Formica sanguinea* che tende a essere poco aggressiva con conspecifiche di nidi senza schiave (quindi odore di sola *F. sanguinea*). In alcuni casi c'è tolleranza, in altri amicizia e in altri ancora indifferenza. Si tratta di reazioni molto diverse che dipendono da vari fattori, soprattutto dalla specie di appartenenza.

Ci sono anche sistemi di comunicazione chimica, che permettono di segnare e indicare luoghi impor-tanti come cibo e/o nemici.

Anche l'uso di ferormoni è molto utilizzato tra questi animali, per indicare una minaccia o un'azione da compiere. Alcune specie utilizzano specifici tipi di ferormoni per confondere e dividere le formiche avversarie con vere e proprie azioni di disturbo e di disorientamento, arrivando a confonderle così tanto da portarle ad aggredirsi tra sorelle. I ferormoni in alcuni casi sono mescolati al cibo e circolano all'interno della famiglia grazie al sistema della "trofallassi".

In modo simile alle termiti, vengono trasmesse informazioni di vario genere. In alcune specie di formiche le comunicazioni forniscono la dominanza chimica della regina, così da prevenire l'esistenza di più regine nello stesso formicaio. Le formiche operaie cominciano ad allevare nuove regine quando la regina dominante smette di produrre un feromone specifico, e ciò di solito avviene in autunno-inverno.

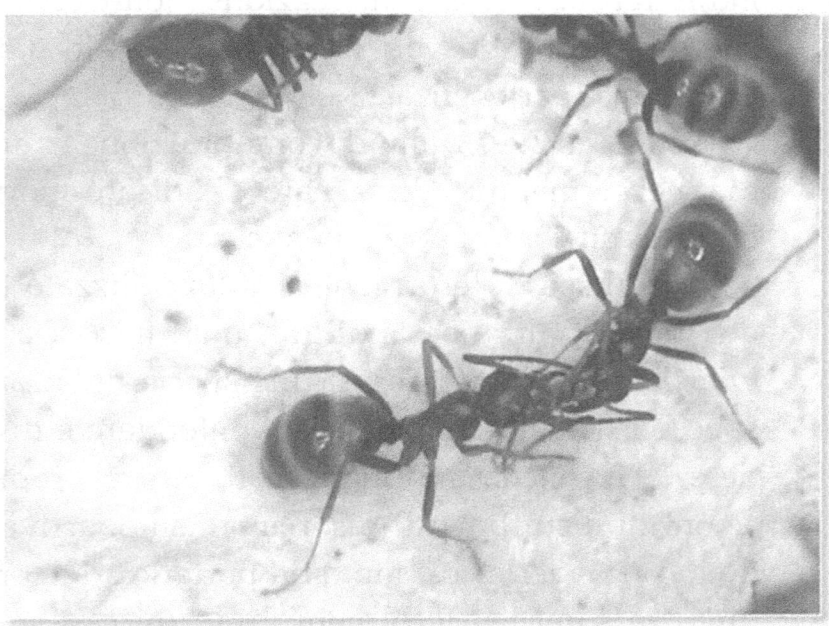

Trofallassi tra operaie di *Formica cunicularia*.

Anche i suoni sono usati per comunicare e possono essere emessi utilizzando i segmenti dell'addome e le mandibole. Un altro sistema, utilizzato anche dalle termiti, è quello di sbattere la testa sulle pareti del nido, trasmettendo vibrazioni che mettono in allarme gli altri membri della colonia. Alcuni insetti conoscono questi linguaggi e riescono a imbrogliare le formiche, vivendo all'interno del formicaio e sfruttandole in vario modo, come veri e propri parassiti o predatori camuffati.

Armi di offesa e difesa

La maggior parte delle formiche attacca utilizzando le mandibole, che conficca nelle carni del nemico. In alcune specie, nelle quali il veleno e l'antico pungiglione sono ancora presenti, l'attacco è di tipo combinato, mentre mordono tenendosi ben ferme pungono con il pungiglione. In altre specie, nelle quali il pungiglione è ormai atrofizzato, le mandibole mordono e lacerano, bloccando in posizione la formica che cerca, con l'addome, di far penetrare l'acido nelle ferite provocate. L'acido può essere anche spruzzato a distanza. Ci sono formiche famose per il dolore provocato dal loro attacco/difesa, come ad esempio la formica di fuoco sudamericana. Altre formiche hanno invece sviluppato un sistema di difesa che fa letteralmente scoppiare le operaie, disperdendo acido in ogni direzione.

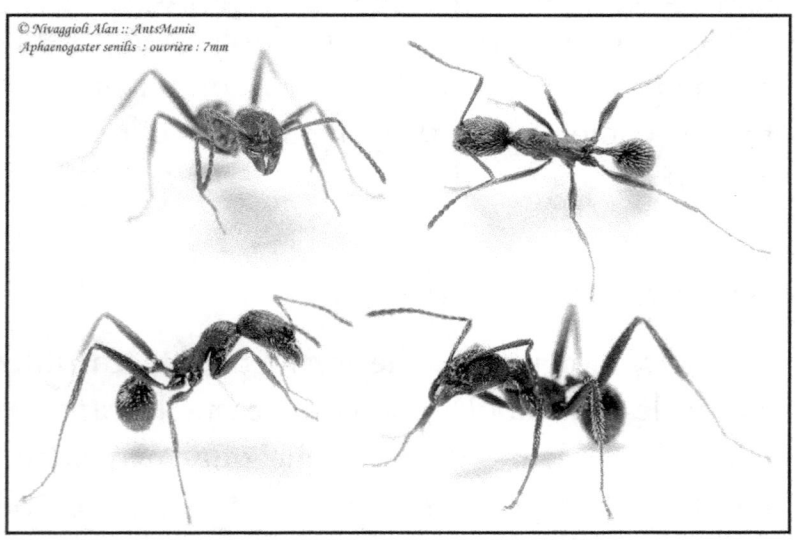

Intelligenza delle formiche

Non è facile dimostrare o testare l'intelligenza delle formiche, a causa delle loro dimensioni e del loro modo di vivere. Si è però riusciti a documentare interessanti comportamenti a livello di insegnamento e apprendimento, come, ad esempio, nel caso delle formiche del genere *Temnothorax albipennis*, in cui le più esperte conducono le meno esperte alla ricerca del cibo e durante questa fase, detta "tandem running", l'allieva segue l'istruttrice, osservandola. Quest'ultima controlla sempre la posizione dell'allieva e, qualora la giovane formica rimanga indietro, rallenta per aspettarla.

Molti animali possono imparare i comportamenti per imitazione, ma le formiche sono l'unico gruppo, ad eccezione dei mammiferi, in cui è stato rilevato un tipo di apprendimento interattivo per quanto riguarda la raccolta di cibo. Altri casi si sono evidenziati nel corso dell'interazione tra le specie *Formica fusca* e *Polyergus rufescens* e le specie *Formica cunicularia* e *Polyergus rufescens*. Questo aspetto sarà approfondito nel capitolo dedicato alle varie specie.

Formicai

Anche in quest'ambito, le formiche non sembrano porre limite alla propria fantasia. Ci sono specie che costruiscono piccoli cumuli di qualche centimetro all'esterno del loro nido sotterraneo, oppure collinette di quasi un metro. Ci sono invece specie, come ad esempio le *Formica fusca*, che tengono tutto molto nascosto, arrivando a coprire gli ingressi con materiale di vario tipo. Altre costruiscono nidi in cartone dentro le cavità dei tronchi, altre scavano nel legno, altre ancora usano foglie e seta per costruire nidi aerei tra i rami delle piante. Ci sono poi specie che vivono in ambienti paludosi e creano una sorta di nido galleggiante. Altre ancora non costruiscono alcun nido, utilizzando il corpo delle operaie come protezione per la regina e per la covata. Ne esistono di tutti i tipi, ma qui tratteremo solo formiche piuttosto facili da reperire in Italia, soprattutto nel Nord. Da noi, infatti, si trovano formiche abbastanza "classiche" che costruiscono nidi nel terreno o nel legno.

Personalmente suggerisco a ogni allevatore di sollevare i sassi e, se possibile, fotografare i nidi per appurare come sono i formicai.

Cibo

Le formiche seguono diete che differiscono, anche parecchio, a seconda della specie. A volte la stessa colonia può ricercare alimenti differenti, in base alla stagione e alla situazione esistente nel nido. Ad esempio, se non ci fossero larve, la colonia potrebbe essere maggiormente interessata alle sostanze zuccherine e ignorare del tutto gli insetti. Ci sono poi formiche con diete praticamente vegetariane, come le formiche tagliafoglie, che si nutrono del fungo che coltivano. Oppure grandi predatrici, con comportamento quasi simile alle mantidi. La classica idea di formica, secondo la nostra cultura, è rappresentata dalle specie raccoglitrici di semi, come ad esempio il genere *Messor*.

Allevare formiche richiede una buona conoscenza delle loro abitudini alimentari e un'attenta osservazione dei cibi che la colonia preferisce. Per questo motivo conviene sempre rifornirsi di tutto ciò che serve per sostentarle, anche allevando, se necessario, altri insetti da fornire come cibo. In tal caso, il buon senso e il buon cuore impone che a tali invertebrati sia concessa una morte rapida, decapitandoli e fornendoli già morti e immobili. Nel caso di insetti come la camola della farina, il corpo chitinoso, soprattutto se di grandi dimensioni, rende difficile alle formiche il nutrirsene: tagliandoli si offre una maggiore superficie utilizzabile. Tra l'altro, formiche spaventate o agitate in ambienti artificiali potrebbero autodanneggiarsi con i loro stessi acidi, portando la colonia a una rapida morte.

Chi alleva formiche per vederle lottare tra loro o contro altre creature, non è un buon allevatore ma solo una persona infantile, insensibile ed egoista.

In natura la raccolta del cibo può portare le formiche a percorrere anche 200 metri di distanza. Alcune foraggiano di giorno, altre di notte e altre ancora di giorno e di notte, indifferentemente. Quello che invece accade in una colonia allevata in teca o in terrario è molto differente. Le formiche fanno poco moto e, nel tempo libero, tenderanno a dedicarsi ad altre attività, poiché il cibo non rappresenterà mai un problema. Dormiranno il più possibile, si coccoleranno tra loro e si prenderanno cura della prole. Se pensavate di vedere un continuo brulicare di creature super indaffarate, ricredetevi, a meno che non ci siano degli scompensi oppure si tratti colonie davvero grandi. Il fatto che le formiche se ne stiano rintanate a oziare vuol solo dire che la colonia è in ottime condizioni. Se le formiche vagano per l'arena o per il formicaio e si muovono disordinatamente, invece qualcosa non va bene. Potrebbe trattarsi di un segnale di grossi guai in vista.

Attenzione: in mancanza di cibo, le formiche come ultima risorsa mangiano le uova; se non ci sono uova, le larve e se non ci sono larve le pupe.

Questo comportamento, utile per la sopravvivenza, porterebbe a grossi problemi in formicai di tipo parassitario. È pertanto consigliabile controllare sempre che ci siano acqua e cibo disponibili e raggiungibili. Se il cibo viene ignorato, provare a somministrarne un altro tipo. Parleremo in dettaglio dei cibi nelle schede delle specie trattate.

Per motivi pratici in alcuni casi userò il termine "A0" per indicare che lo 0% delle formiche si trova in arena in cerca di cibo, mentre un valore crescente indicherà il malessere della colonia.

Di tanto in tanto potrebbe essere utile mettere in arena foglie di piante erbacee succose: alcune specie ne sono molto interessate.

In natura le formiche sono in grado di scegliere il cibo più adatto e anche curarsi con esso. Ad esempio, Nick Bos e i suoi colleghi dell'Università di Helsinki hanno dimostrato che le formiche scelgono di mangiare perossido di idrogeno se hanno una infezione fungina in corso. La sua equipe ha anche dimostrato che, per le formiche della specie *Formica fusca*, il perossido di idrogeno è di solito dannoso. Ha alimentato uno dei due gruppi di studio di insetti con una semplice soluzione basata sul miele e l'altro gruppo con lo stesso tipo di soluzione contaminata con perossido di idrogeno. Lo studio ha evidenziato che le formiche sane trattate con la dieta contaminata hanno avuto un tasso di mortalità di circa il 20 per cento, rispetto a circa il 5 per cento riscontrato in quelle nutrite con la soluzione innocua. Somministrando la stessa dieta a formiche infettate con il fungo *Beauveria bassiana*, è avvenuto il contrario. Il tasso di mortalità di queste formiche è sceso da circa il 60 per cento, in quelle con dieta ordinaria, al 45 per cento, in quelle a cui è stato somministrato cibo arricchito con perossido di idrogeno. Le osservazioni dimostrano anche che, potendo scegliere, le formiche si sono nutrite con alimenti contaminati, dosando il cibo in base alla concentrazione del H_2O_2. Non ritengo sia una soluzione facile da realizzare per un allevatore amatoriale, ma potrebbe essere una via da tentare in caso di infezioni fungine. Si tratterebbe in ogni caso di colonie già perse.

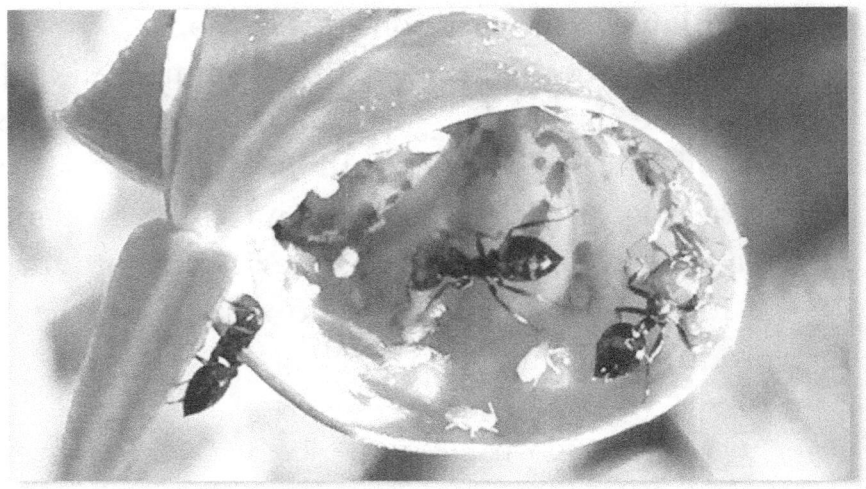

Creamatogaster scutelleris a guardia di piccola colonia di afidi

Rapporti con altri organismi

In natura, le formiche instaurano rapporti simbiotici o di parassitismo con altre creature e, a volte, con formiche di altre specie. Ci sono anche animali che le ingannano e se ne approfittano. Alcune specie di formiche, poi, difendono determinati tipi di vegetali da altre piante e da insetti o piccoli animali che se ne nutrirebbero.

In allevamento, è difficile ricreare un ambiente adatto a simili incontri, ma almeno per i più semplici, gli afidi, è possibile fare qualche tentativo. Ne parleremo in dettaglio nella sezione riguardante la preparazione dell'arena.

Ci sono anche vari parassiti o commensali delle formiche che sarebbe facile allevare, ma è sconsigliabile in condizioni di cattività, in quanto si potrebbero riprodurre a dismisura o creare danni inaspettati. Per fortuna, in situazioni di cattività e in formicai artificiali, di solito non riescono a riprodursi e scompaiono presto.

Caccia grossa

Prima di pensare a qualsiasi formicaio, bisogna essere in grado di recuperare l'elemento più importante: la formica regina.

Ogni specie di formica ha il suo periodo di sciama-tura, come avviene con le fioriture. Come per le piante, ci possono essere ritardi o anticipi legati alla situazione climatica. Ci sono formiche che sciamano in tarda mattinata, altre nelle ore più calde, altre nelle ultime ore di luce del giorno. Molto dipende anche dalla fortuna; per questo, bisogna tenere sempre gli occhi aperti.

Io mi sono organizzato in questo modo: ho sempre con me 4 o 5 barattolini di plastica – quelli usati per i rullini fotografici – con all'interno del cotone idrofilo umido, oppure delle provette già pronte, con riserva d'acqua e batuffolo di cotone da utilizzare per tappare. Questa sarebbe la soluzione migliore.

Individuare una regina di solito è piuttosto semplice. Si guarda fisso a terra e ci si concentra su ogni formica che corre in modo omogeneo e che non si ferma a osservare. Quello su cui non ci si può sbagliare è la forma: le regine hanno la testa più piccola del torace e generalmente l'addome ben sviluppato, ad eccezione delle regine di generi parassiti.

Alcune regine di *Formica*, uno dei generi più comuni.

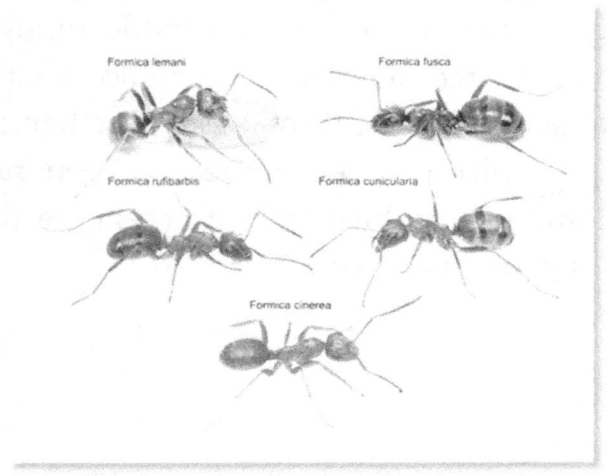

Operaie di alcune specie di *Formica*.

A volte le si vedono con ancora le ali attaccate; in questi casi sarebbe meglio non raccoglierle, ma al massimo seguirle e attendere che inizino a strapparsele. È sempre consigliabile non cercare "mai" di prendere le formiche con le mani, poiché è molto facile danneggiarle, soprattutto nel caso di quelle con l'addome ben dilatato. La cosa migliore da fare è obbligarle a entrare nella provetta o in un recipiente utilizzato per la cattura. In taluni casi l'utilizzo di un pennellino risulta molto utile. Un altro sistema è catturarle con un batuffolo di cotone. Appena catturata, la formica andrebbe sistemata in modo che a ogni nostro movimento non subisca scossoni. Il problema non è solo danneggiarla ma anche spaventarla a morte.

Da ragazzino il mio sistema di ricerca era diverso da quello attuale: guardavo in aria alla ricerca di gruppi di rondini o tentavo di vedere gli sciami in volo. Nel caso delle rondini, mi avvicinavo in modo da capire cosa mangiassero. Se si trattava di formiche, allora cercavo di vedere le regine che precipitavano a terra dopo l'accoppiamento. Ora, visto che sono un po' accecato, cerco solo di guardare in giro, sotto le rondini che banchettano. L'ideale non è certo mettersi su un prato, magari con l'erba alta. La logica piuttosto dice di guardare lungo un tratto di strada asfaltata o un'area con vegetazione rada o in prevalenza sabbiosa o terrosa. Ci deve insomma essere un terreno che faciliti l'avvistamento.

Nel caso di alcune catture a cui tenevo moltissimo, *Lasius fuliginosus* (che per fortuna sciamano per molto tempo con tantissimi alati), mi è capitato di arrivare sul posto prima della sciamatura e ho dovuto attendere una trentina di minuti per vederle prendere il volo, offrendo nel frattempo il mio sangue alle zanzare locali... Normalmente i maschi decollano prima e si sistemano in grossi sciami, in alcuni punti precisi. Le femmine escono in un secondo tempo e poi decollano in massa dirigendosi verso le zone pattugliate dai maschi. Spesso avvengono più accoppiamenti o tentativi di accoppiamento. Quando le regine si sentono soddisfatte per la quantità di sperma accumulato, cambiano radicalmente comportamento. Si staccano le ali e cercano rifugio. Sarà quello il momento buono per la raccolta delle giovani regine, di certo non prima. In alcuni casi però, alcune regine vanno lasciate lì dove si trovano, perché la loro raccolta è inutile.

Regina di *Formica sp.*

Se ad esempio fossimo in vacanza, trovassimo delle regine di *Lasius umbratus* (parassite in fondazione) e tornassimo a casa solo dopo 4 o 5 giorni, la cattura e la conservazione della regina ne metterebbe a rischio la sopravvivenza. Si tratta infatti di formiche che in natura sarebbero nutrite nel giro di poche ore, ammesso che sopravvivano alla conquista del formicaio da schiavizzare. Non hanno quindi grandi scorte energetiche per sopravvivere da sole. Questa non è una strategia illogica o bizzarra rispetto alle normali regine, che restano invece mesi interi senza nutrirsi e che, anzi, nutrono le loro prime figlie.

Lasius fuliginosus su un tronco di platano: maschi e giovani regine circondate da operaie, tutti in attesa della sciamatura.

Nel caso di formiche parassite in fondazione, l'avventura ha esito molto rapido. La regina viene accettata oppure diventa una bella preda, che si consegna nelle mani delle formiche a difesa del formicaio bersaglio.

Inoltre, i formicai di tali specie parassite, visto l'alto rischio di perdita delle regine, non investono molto nel loro nutrimento e lavorano sulla quantità dei tentativi. Per meglio comprendere la differenza con altre regine, basti paragonare una regina di *Lasius fuliginosus* con una regina di *Lasius niger*.

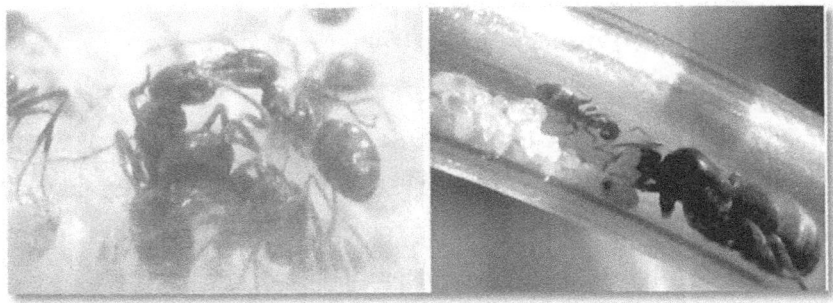

A sinistra una regina di *Lasius fuliginosus* (corpo in verticale) nutrita da una operaia della stessa specie. A destra una operaia *Lasius niger* sopra le uova, di fronte a una regina *Lasius niger*.

Entrambe dei *Lasius* neri, la prima differisce davvero poco dalle operaie della sua specie. In un secondo tempo, quando inizierà a produrre uova, il suo addome si dilaterà a dismisura diventando praticamente bianco e impedendole addirittura di spostarsi normalmente. La seconda è in genere 3 o 4 volte più grande delle sue operaie. L'obiettivo delle due specie è molto differente: la prima deve "sfondare", mentre la seconda deve "resistere" nel tempo.

A un neofita suggerisco di cercare le formiche più "semplici" quali: *Lasius niger, Lasius emarginatus, Lasius alienus*, i bellissimi *Lasius flavus, Formica cinerea* (!), *Formica cunicularia, Formica fusca, Formica lemani, Formica sanguinea* (!), *Camponotus vagus, Camponotus piceus, Camponotus truncatus* (!!), *Camponotus nylanderi* (!), *Myrmica sp., Messor capitatus* e *Aphaenogaster sp.*

L'elenco in molti casi comprende solo i generi, poiché il numero di specie possibili è davvero elevato; è da considerare inoltre che nell'elenco ho incluso solo le mie preferite.

Preparazione del materiale

Nelle tasche di un buon cacciatore di regine non dovrebbero mai mancare le provette. Si può decidere di utilizzare delle provette definitive o temporanee (magari ne abbiamo tante brutte e rovinate e vogliamo usarle a questo scopo). La provetta va preparata con molta attenzione, soprattutto se la dobbiamo portare in giro. Meglio che sia di plastica, così che, in caso di cadute o urti, non rischiamo di tagliarci con le schegge di vetro. La provetta va riempita per 2/5 con acqua. Poi va inserito un batuffolo di cotone idrofilo molto pressato (deve far fatica a entrare nella provetta), in modo da creare una barriera per l'acqua, che non deve mai invadere la zona riservata alla regina e alla covata. Per esserne sicuri, provate a capovolgere la provetta e controllate che l'acqua non coli verso l'esterno. Sistemato il serbatoio d'acqua serve un tappo; si potrebbe usare il tappo forato della provetta oppure del cotone idrofilo pressato (meno pressato di prima perché deve far passare l'aria). Personalmente, uso barattolini di plastica un tempo utilizzati per i rullini fotografici. I tappi sono forati e piuttosto grandi, per cui si perde meno tempo per farci entrare la regina. In questo caso metto sempre un po' di erba o muschio nel barattolo per far sentire la regina al sicuro e per impedirle di muoversi fino allo sfinimento, cosa che capita spesso in ambienti innaturali e troppo grandi.

Riassumiamo

Cosa ci serve?
1. Uno zainetto, meglio se termoisolato, o un marsupio con varie tasche, in modo da po-

ter mettere da una parte i recipienti con le regine appena trovate e dall'altra i recipienti vuoti.

2. Contenitori adatti al trasporto, possibilmente non troppo grandi. L'ideale sono provette in plastica, possibilmente già dotate di acqua e cotone. Se fossero vuote potrebbe tornare utile inserirvi un po' di erba o foglie secche.
3. Altro utile attrezzo da lavoro potrebbe essere un pennellino a setole morbide per tempere, che ci permetta di indirizzare la regina all'interno della provetta.
4. Batuffolo di cotone idrofilo da utilizzare per immobilizzare e catturare "dolcemente" le regine.
5. Una lente d'ingrandimento, utile per guardare la regina appena catturata, capirne almeno la specie e, nel caso sia infestata da parassiti, lasciarla andare.

Le regine sono come l'amore, si trovano quando meno le si aspetta, quindi in caso di necessità possiamo usare sacchetti, scatole di Tic-Tac, pacchetti di sigarette, bottiglie di plastica, fazzoletti ecc. In questi casi è ancora più utile inserire materiali naturali nei contenitori, così che la regina vi si possa aggrappare senza essere sballottata. Da evitare la terra con sassolini, ecc.

Quando iniziare?

Buona cosa sarebbe informarsi prima su quale sia il periodo migliore per trovare regine della specie che ci interessa e poi recarsi sul posto. L'ideale è trovarsi nella zona adatta verso le 11 di mattina: le sciamature iniziano infatti verso mezzogiorno. Le regine trovate quasi subito dopo la sciamatura hanno il vantaggio di essere fresche e in forze, non essendosi stancate vagabondando. Arrivare un po' prima ci consente anche di vedere quali nidi siano già pronti per sciamare.

Dove cercare?

Bella domanda. La risposta in genere è: non tanto dove ci sono molti formicai e dove si assiste a grandi sciamature, ma piuttosto dove sia possibile per noi avvistare e raccogliere facilmente le regine. In alta montagna, dove ci sono prati con erba bassa, va molto bene anche in pieno campo, ma in pianura dove l'erba è alta, le zone ideali sono quelle che alternano sterrato o asfalto a prati. Le piste ciclabili sono ottimi luoghi da pattugliare, meglio se con asfalto chiaro.

Di notte?

In alcuni casi potrebbe essere utile cercare regine di notte, ma si deve essere ben attrezzati oppure sistemarsi sotto alti lampioni. Di solito è facile vedere i maschi che si affollano attorno alla sorgente di luce. Se la luce non è adatta, come tipologia o come altezza dal suolo, lo si capisce dai maschi che, invece di volare attorno o sotto la luce, continuano a sbattervi contro. In questo caso si tratta di sciamatura allo sfinimento, ossia i maschi così come le femmine si ridurranno allo sfinimento senza concludere nulla. In caso contrario si potrà assistere alla caduta di regine con maschi attaccati, pronte per essere raccolte.

Come inizia una colonia

Le formiche hanno escogitato vari sistemi per fondare nuove colonie e sono molte le specie che si differenziano notevolmente per la procedura di fondazione.

Come si è affermato in precedenza, il passo più importante per poter iniziare è identificare la regina che abbiamo trovato. A tale scopo, bisognerebbe dotarsi di una macchina fotografica in grado di fare macro per scattare qualche foto, magari utilizzando qualcosa che aiuti a stabilire la misura, ad esempio un foglio a quadretti o un metro. Dopo di che si può decidere se ricorrere all'aiuto di qualcuno oppure fare da soli.

Online è possibile consultare vari forum, nei quali si trovano spesso anche molte informazioni per la cura della propria colonia. Per chi utilizza Facebook, nel gruppo "Mirmecologia Italia" si possono trovare aiuto e supporto. Fra le informazioni che è consigliabile fornire, oltre alle foto, vi sono luogo, periodo e contesto ambientale del ritrovamento.

Un'altra fonte molto importante e realmente scientifica è il sito AntWeb (www.antweb.org), nel quale viene presentato l'ottimo lavoro curato dal Prof. Fabrizio Rigato, con il dettaglio di tutte le specie italiane. In questo caso dovremo fare l'identificazione basandoci sulle foto macro fornite per le varie specie. A volte non è una cosa semplice, poiché bisogna considerare vari aspetti che, all'apparenza, potrebbero sembrare irrilevanti.

Solo dopo aver identificato la nostra regina e quindi il tipo di fondazione, si potrà pensare a cosa fare.

Fondazione claustrale

La strategia più utilizzata viene chiamata "fondazione claustrale", che significa: "del chiostro: silenzio, pace".

La regina, dopo essersi ben nutrita, esce dal formicaio per il volo nuziale, si accoppia e torna a terra per togliersi le ali e trovare un luogo adatto per fondare la sua colonia. Da quel momento non si nutre più o quasi, utilizzando, per se stessa e la sua covata, le sue riserve di grasso e i muscoli delle ali. Si tratta di riserve formidabili che fanno molta gola ai predatori. Molti insettivori se ne nutrono, come ad esempio rondini, rondoni e pipistrelli. Uno dei motivi per cui le rondini tornano ogni anno è proprio dato dalle sciamature delle formiche.

La regina, se ha sciamato nella stagione calda, inizierà subito la deposizione delle uova e, nel giro di poco più di un mese, dovrebbe avere le prime minuscole operaie pronte a supportarla. Se invece ha fatto la sciamatura in autunno, non deporrà uova fino alla primavera successiva.

È bene sapere che le formiche "volanti" che ci capita di vedere la sera, mentre insistono nel dirigersi verso sorgenti luminose, probabilmente moriranno. Infatti, anche se riuscissero ad accoppiarsi e a fondare, potrebbero aver speso troppe energie e rimanerne del tutto prive prima che le operaie nascano o siano in grado di fornire cibo. In questo caso, se riuscissero a rifocillarsi con sostanze zuccherine, potrebbero essere salvate. Questo vale anche per i maschi che si sfinirebbero senza aver concluso nulla.

Tra gli allevatori di formiche c'è l'idea di lasciare le giovani regine completamente a digiuno, confidando che questo le inciti, per motivi di sopravvivenza, a velocizzare il processo della fondazione. Personalmente, prima di metterle in provetta, preferisco sempre nutrirle, ammesso che lo desiderino. Normalmente, eccetto ad esempio dal genere *Messor*, acqua e zucchero o miele sono molto graditi, soprattutto da *Camponotus* e da *Lasius*. Quindi, se lo desiderano, perché non dare loro questo aiuto? In natura, tra l'altro, ho potuto osservare più volte, soprattutto fra formiche del genere *Lasius niger* (gruppo), le regine che interrompevano la ricerca di un rifugio per bere qualche goccia di melata, molto abbondante sotto i tigli.

Regina di *Camponotus vagus* in fondazione claustrale in provetta. Per metterla più a suo agio è stato posto un pezzetto di corteccia sul quale si è sistemata.

Le regine, una volta nella loro provetta o in un pezzo di tubo (utilizzabile al posto della provetta), è presumibile che rimangano immobili per la maggior parte del tempo. Se invece strappassero il cotone, cercassero di creare con i pezzi sfilacciati una barriera oppure di farsi strada per uscire dalla provetta, significa che quest'ultima non è adatta alla fondazione, per la dimensione o per il tipo di cotone o per l'umidità, oppure per via del luogo in cui viene conservata. In sostanza, la regina non si sente al sicuro e quindi cerca di agire di conseguenza.

Attenzione: qualora la regina avesse già le larve o le pupe, potrebbe star esaurendo le proprie scorte; nutrendola con le dovute cautele, probabilmente si potrebbe arrivare alla risoluzione del problema.

La fondazione di questo tipo, può ulteriormente suddividersi in altri tre tipi:

1) **Fondazione solitaria**
2) **Fondazione in cooperazione temporanea**
3) **Fondazione in collaborazione**

Fondazione solitaria

Le regine rifiutano di condividere il loro spazio con altre regine.

Fondazione in cooperazione temporanea

Le giovani regine collaborano attivamente alla costruzione del rifugio e accudiscono in armonia le larve di tutte le regine presenti, senza fare preferenze. Ma ad un certo punto dello sviluppo della popolazione, di solito, le operaie eliminano tutte le regine tranne una. A volte sono le regine stesse ad aggredirsi tra loro. Può anche accadere che la regina sopravvissuta sia così danneggiata e indebolita da morire anch'essa, lasciando orfana la piccola colonia.

Le colonie orfane, non avendo rinnovamenti, si estingueranno nel corso di un anno oppure saranno sfruttate da regine di specie parassite compatibili. Nei miei allevamenti è capitato che ciò si verificasse con una colonia di *Lasius niger* (?), arrivata a una trentina di operaie.

Fondazione in collaborazione

Nel caso della fondazione in collaborazione, più regine, molto probabilmente sorelle, scavano il rifugio e si prendono cura della prole. Se una delle regine dovesse morire, saranno le sorelle a portare avanti il formicaio. Dalle mie osservazioni sembrerebbe che esista una sorta di gerarchia tra le regine.

Questo sistema piuttosto vantaggioso, chiamato "poliginico", di solito crea formicai molto popolosi ed è abbastanza frequente nel genere *Formica*.

Fondazione semiclaustrale

Alcune formiche, come ad esempio le forti *Manica rubida* – grosse formiche rosse di montagna, note per un morso piuttosto doloroso –, mettono in atto un'altra strategia. Dopo il volo nuziale cercano un rifugio, scavandolo anche da sole se necessario, e iniziano la deposizione. Ma, non avendo scorte sufficienti per attendere di essere nutrite dalle future figlie, escono alla ricerca di cibo e tornano con piccole e morbide prede che consumano vicino alle proprie larve: saranno queste ultime a nutrirsene.

Le regine di questa specie talvolta si associano formando una colonia poliginica, sebbene sia più facile il ritorno della regina figlia dalla madre rispetto alla collaborazione tra sorelle: nella decina di test personalmente effettuati, nessuna regina ha accettato un'altra sorella.

L'allevamento di queste specie è abbastanza difficile e ci sono vari aspetti che possono provocare il collasso dell'intera colonia. Da parte mia i tentativi sono stati pochi e i risultati abbastanza deludenti, probabilmente perché la regina è piuttosto selettiva e ricerca particolari tipi di prede, che in cattività non è facile fornire. Così, quando la colonia era quasi avviata e le prime pupe apparivano, è accaduto spesso di trovare la regina morta fuori dalla provetta/formicaio, senza che vi fosse alcun apparente motivo.

Fondazione a gemmazione

Si tratta di un sistema di riproduzione molto pratico, con moltissimi vantaggi per le nuove regine. Di contro, ha lo svantaggio, per il formicaio madre, di investire energie non solo in maschi e regine, ma anche in operaie, che saranno cedute alla nuova colonia. Le regine una volta fecondate, spesso rimanendo all'interno del nido, ne fuoriescono da sole o con alcune sorelle per cercare un luogo adatto a fondare una nuova colonia. Durante questa operazione reclutano anche delle formiche operaie, che si uniranno a loro in questo esodo. I formicai che si creeranno saranno quindi da subito indipendenti e, in scala minore, avranno le caste presenti nella colonia madre. Questo è un sistema usato dalla *Messor structor*, una formica specializzata nella raccolta dei semi, molto importante per l'ambiente, sia perché riduce la presenza di semi nel terreno, sia perché alcune piante contano molto sul fatto che alcuni dei loro semi raccolti riusciranno a germogliare e quindi a creare una nuova pianta rimanendo al sicuro da altri predatori. A pensarci bene, questo sistema di fondazione è abbastanza simile a quello delle api.

Fondazione parassitaria

Alcune specie hanno trovato vantaggioso sfruttare le operaie di altre specie e hanno escogitato un sistema molto differente dai precedenti. Di solito, le regine appartenenti a queste specie hanno in comune una struttura piuttosto massiccia, una buona velocità e un addome abbastanza piccolo che spesso, a prima vista, potrebbe farle confondere con delle operaie. Queste regine sono delle vere e proprie ingannatrici e spesso anche abili guerriere. Alcuni esempi sono: *Lasius (Chthonola-*

sius) umbratus, Lasius (Dendrolasius) fuliginosus, Formica rufa e Polyergus rufescens.

Girovagando per i prati, ho sempre trovato enormi colonie dei generi di formiche che normalmente sono "obiettivo" delle fondazioni parassitarie. Inoltre, si possono vedere enormi colonie di formiche parassita che ogni anno danno vita a centinaia e centinaia di sessuati.

La domanda che viene quindi da porsi è la seguente: se questa via è tanto vantaggiosa, perché ci sono così poche colonie di formiche parassita? La risposta, a parer mio, è abbastanza semplice: in una colonia, nella quale la regina è giovane e forte, non c'è spazio per infiltrazioni di alcun tipo, eccetto forse nel caso della *Polyergus rufescens*, da considerarsi un caso sé stante. Un'altra cosa da non sottovalutare è che le formiche, anche se chiamate "serviformiche" o schiave, nella realtà non sono poi così indifese.

Durante il periodo di sciamatura, regine di *Chthonolasius* assediano letteralmente i formicai, senza che questi, l'anno successivo, siano stati colonizzati da questa specie. Lo fanno in modo piuttosto subdolo, afferrando con le mandibole un'operaia della colonia e cercando di ingannare le guardiane per potersi intrufolare nel nido. Infatti, la forza di queste formiche, che usano ferormoni per confondere o farsi accettare e adorare, raggiunge la sua massima potenza in un ambiente ristretto: una volta all'interno del formicaio, per loro è molto più facile avere il sopravvento.

Parte dei fallimenti di fondazione potrebbero essere dovuti al fatto che le regine, subito dopo essersi dealate, catturano la prima operaia della specie da loro ritenuta interessante, per poi vagare alla ricerca del formicaio; in alcuni casi, ho potuto assistere a uno strano comportamento, che sono riuscito anche a filmare: la regina si sfrega contro l'operaia, così da acquisirne l'odore, o per lo meno questa è stata la mia impressione. Un ulteriore problema potrebbe essere che non sempre l'operaia catturata corrisponde al nido oggetto: serve quindi anche una buona dose di fortuna.

Raramente ho visto lottare le regine, anche quando vengono prese e immobilizzate dalle operaie a difesa della colonia. Nella maggioranza dei casi, le regine si lasciano catturare e portare in un ambiente chiuso, nel quale oppongono strenua resistenza mentre mettono in atto il loro inganno, sfruttando l'ambiente angusto. In alcuni casi, come per le *F. pratensis*, la regina, in caso di attacchi fastidiosi da parte delle operaie, si volta e le uccide. Altre specie invece mirano solo ad appropriarsi delle larve e delle pupe, uccidendo o mettendo in fuga tutte le formiche. Di questo parleremo in dettaglio nelle schede delle varie specie.

Tutte le regine parassite hanno comunque un comportamento simile. Eliminata la regina, se è presente una covata cercano di sistemarcisi sopra, prendendosene cura attivamente, soprattutto nel caso delle regine del genere *Dendrolasius fuliginosus*, detto anche *Lasius fuliginosus*. Vedere queste regine occuparsi della prole di un'altra specie suscita tenerezza e ricorda molto il comportamento assunto dalle operaie di questa stessa specie.

Se lo scontro avviene all'esterno la regina è destinata a morte quasi certa. Anche la super corazzata *Polyergus rufescens*, se bloccata in uno spazio aperto, viene sconfitta e uccisa.

A prescindere dalle specie, la fondazione parassitaria può essere di due tipi: solo in fase di fondazione, come ad esempio nel caso delle *Chthono-*

lasius, *Dendrolasius* e alcune specie di *Formica*, oppure obbligata, come nel caso delle *Polyergus*.

Nel primo caso, le figlie della regina parassitata nel tempo andranno a sostituire le vecchie operaie, mantenendo per un certo periodo un formicaio con due specie differenti. Anche in questo caso si assiste a comportamenti diversi. Un esempio mi è stato fornito da due colonie di formiche che sembrano identiche – entrambe nel mio allevamento e partite quasi contemporaneamente –, appartenenti al gruppo *Chthonolasius* e più precisamente *Lasius meridionalis* e *Lasius umbratus* (?). La prima regina era stata trovata con un'operaia in bocca mentre assediava, insieme ad altre regine, l'ingresso di un formicaio di *Lasius emarginatus*. Una volta catturata, le ho fornito una folta schiera di pupe di operaie di questa specie. L'altra, trovata a 1.800 m di quota, girovagava tra vari esemplari di *Formica sp*. Probabilmente era stata trasportata dalla pineta sottostante dalle correnti d'aria calda in ascesa. A quest'ultima ho fornito una buona quantità di bozzoli di *Lasius sp.* gruppo *niger*.

Nella prima colonia, dopo che le figlie della regina di *Lasius meridionalis* hanno raggiunto un certo numero di operaie, con proporzione di circa 10 a 1, le operaie di *Lasius emarginatus* hanno iniziato a diminuire, fino a scomparire del tutto nel giro di pochi giorni. Nella seconda colonia, ormai in piena attività, le due specie di operaie convivono pacificamente senza alcuna evidenza di casi di bullismo. Anzi, ci sono delle divisioni di compiti: ad esempio, se la luce è troppo forte all'esterno, vanno a foraggiare solo i *Lasius* neri.

Facendo riferimento al precedente ragionamento, sia che le operaie assoggettate vengano uccise oppure risparmiate, la colonia che usa questo tipo di fondazione diventa, a tutti gli effetti, indipendente dalle assoggettate.

La colonia spesso si trasferisce dal luogo iniziale di fondazione per cercare un ambiente più adatto alla specie, cambiando spesso anche la forma e la struttura del nido. Durante la permanenza di due specie nello stesso nido, si possono creare situazioni davvero pericolose per la colonia. Anche in allevamento, bisogna prestare particolare attenzione. Può infatti accadere che, a causa di allarmi o di minacce, la colonia si allerti e le operaie delle due specie facciano confusione e si attacchino tra loro. In condizioni di calma convivono pacificamente, sebbene non abbiano lo stesso "dialetto".

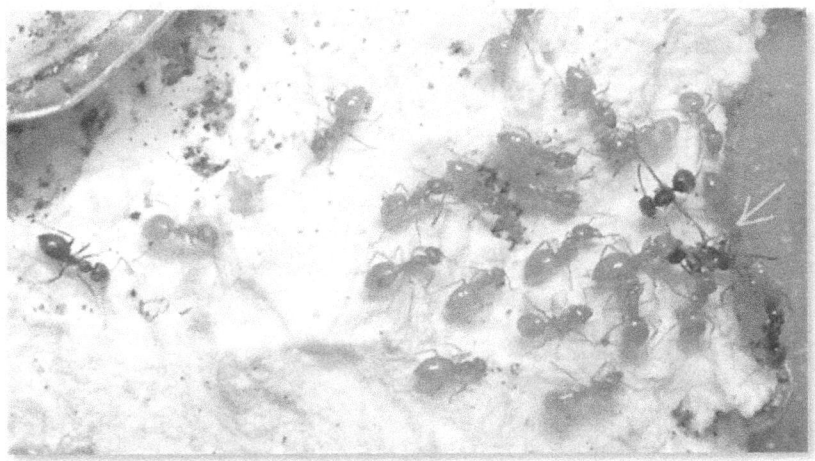

Esempio di "confusione" tra *Lasius umbratus* e schiave *Lasius niger* durante un'azione di difesa contro un intruso *Lasius emarginatus* (indicato con la freccia). I *L. niger* si sono attivati prontamente contro l'intruso, ma uno di loro è attaccato dalle proprie compagne di nido.

La situazione è differente nel caso delle *Polyergus rufescens*. La regina dopo aver parassitato una colonia di una specie compatibile, di solito *Formica (Serviformica)*, segna per sempre la linea che terrà la sua famiglia allargata. Le figlie della regina usurpatrice diverranno delle guerriere, specializzate in furto di bozzoli dai nidi vicini, così da garantire prosperità alla colonia, rifornendo per tutta l'estate la manodopera necessaria. La sopravvivenza della colonia delle *Polyergus* è legata alle sue schiave, che si occuperanno della gestione operativa della colonia e del nido. Il formicaio, quindi, diventerà per aspetto e comportamento identico al nido della specie schiava.

La *F. sanguinea* e la *F. cunicularia* attaccano un *Lasius emarginatus* intruso senza alcun problema, grazie allo speciale adattamento delle *F. sanguinea*.

È doveroso specificare che, in realtà, il comportamento degli individui di Formica/Serviformica subisce modificazioni. Ad esempio, in colonie miste di Formica fusca e Polyergus rufescens si verifica un cambio di indole delle operaie di F. fusca, che diventano molto aggressive, al punto da poterle paragonare alle fiere F. cunicularia o F. cinerea.

Esempio di "bullismo" della *Formica sp.* (schiava) che trascina fuori dal nido una giovanissima *Formica pratensis*. L'attacco, effettuato in modo leggero, di solito ha solo lo scopo di allontanare e avviene dopo un certo livello di pigmentazione e quindi "maturazione" delle nuove nate figlie della regina usurpatrice.

Questo può accadere per vari motivi: normalmente il numero di operaie presenti nelle colonie di *F. fusca* è minore e quindi una maggiore concentrazione di individui le rende più spavalde e temerarie, al pari delle loro cugine di altre specie con nidi molto più popolosi.

Problemi di muffe

I funghi in genere sono i nemici principali delle colonie in fondazione in provetta. Per questo motivo, bisogna prestare molta attenzione.

In generale, si può affermare che le muffe scure non sono pericolose. Se comunque si manifestano morie di formiche, potrebbe risultare utile isolarne i cadaveri in un recipiente stagno e vedere se nel giro di qualche giorno le formiche ammuffiscono. Se ciò avvenisse, potrebbe essere davvero un cattivo segno. Isolare quindi la colonia e assicurarsi di non usare gli stessi strumenti per operare su colonie differenti.

Organizzazione dell'allevatore

L'attrezzatura per dedicarsi all'allevamento di questi stupendi insetti è molto semplice e poco costosa. Trovare il luogo adatto alle colonie, al contrario, potrebbe essere la cosa più difficile.

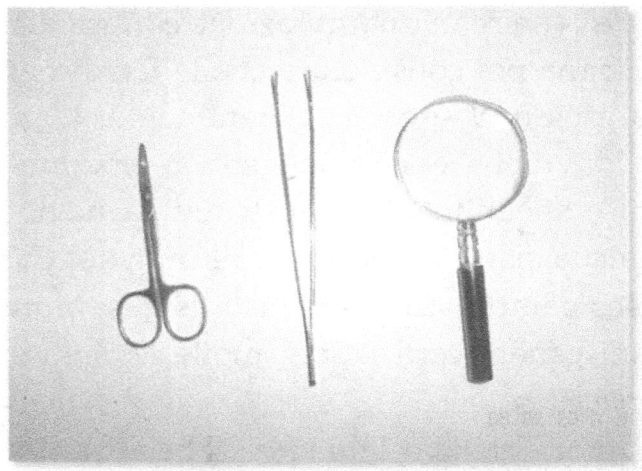

Gli strumenti che uso quasi quotidianamente. In aggiunta, potrebbe servire una siringa per rifornire d'acqua gli abbeveratoi.

Non bisogna mai porre le formiche in ambienti troppo rumorosi o esposti a vibrazioni: ad esempio è bene non metterle sopra un mobile del quale si aprono spesso le ante, che poi sbattono.

I nidi non vanno messi alla luce diretta del sole.

L'arena, invece, può essere messa alla luce diretta del sole solo se è aperta, scongiurando quindi l'aumento della temperatura interna. Allo stesso modo, non risulta conveniente posizionarle sopra i caloriferi o in luoghi troppo caldi: è vero che le formiche spesso cercano il caldo, ma ciò deve avvenire in una situazione controllata.

Bisogna poi considerare che le formiche, in natura, possono spostarsi liberamente. L'ambiente non dovrebbe essere soggetto a ripetute accensioni e spegnimenti di forti luci, a meno che le formiche siano in teche già illuminate. Ciò che è brusco e improvviso le infastidisce, soprattutto in alcuni generi: certi *Lasius*, molte *Formica* e taluni *Camponotus*.

La morte della colonia potrebbe avvenire anche per autoavvelenamento, dovuto alla generale agitazione e all'acido formico emesso per difesa.

Se si decide di allevare seriamente, bisogna considerare anche un altro elemento fondamentale come lo spazio, che deve essere debitamente calcolato. Finché si parla di provette, lo spazio è davvero limitato; passando poi ai contenitori di accrescimento, l'ingombro potrebbe essere di 15x21x10 cm. È per altro vero che, in questa configurazione, le scatole possono essere sovrapposte, ottimizzando gli spazi. Ma è bene tenerne conto.

Una colonia media può occupare anche uno spazio di 19x23x40 cm e diventare ancora più ingombrate nel corso di un paio d'anni. Oltre a considerare lo spazio nel quale saranno tenute in osservazione, bisogna tener presente che in inverno le formiche vanno poste in un luogo freddo, a una temperatura ideale tra i 4 e i 10 gradi e possibilmente senza troppi sbalzi. Lì trascorreranno il periodo freddo in fase di "ibernazione", come si usa dire volgarmente. In realtà si tratta solo di una pausa che, per alcune specie, è indispensabile alla sopravvivenza, mentre per altre è necessaria per il normale svolgersi della fase di sviluppo delle formiche. L'importanza in alcuni casi è tale che, se in primavera non ci sono larve che hanno passato l'inverno al freddo senza la presenza dominante dei ferormoni della regina, non sarà possibile la nascita di nuove regine.

Un'altra cosa da non sottovalutare è il tempo necessario per la cura delle colonie. In media 5/10 minuti per colonia al giorno o ogni due giorni.

A seconda del tipo di fondazione si dovranno adottare soluzioni differenti. Per la fondazione claustrale sarà sufficiente una provetta, di dimensioni adatte alla formica regina scelta. La provetta, meglio se di vetro, dovrebbe essere riempita per 2/5 di acqua e tappata con del cotone pressato. Bisogna assicurarsi che il cotone sia effettivamente ben pressato, così che non coli l'acqua nello spazio riservato alle formiche. Dopo di che, usare dell'altro cotone come tappo. Nel caso di provette con il tappo, questo potrebbe essere forato con uno spillo e poi utilizzato direttamente per chiudere la provetta. Ma questa è una soluzione che sconsiglio, soprattutto con i *Camponotus*, che talvolta forano la plastica. Il tappo è meglio conservarlo per quando si metterà la provetta in una piccola arena.

Regina *Lasius sp.* improvettata, risvegliata da poco dall'ibernazione. L'addome è dilatatissimo e la riserva d'acqua è quasi esaurita. Sulla destra si vede lo stabilizzatore in pongo.

Nel tappo andrà praticato un foro di dimensione di poco superiore a quella delle operaie e che, possibilmente, impedisca alla regina di passare. Questo serve per far sentire le formiche al sicuro con una piccola apertura da sorvegliare. Solitamente utilizzo anche pongo o silicone, per impedire alla provetta di rotolare su se stessa.

Nella pratica, servono:
- provetta (meglio se in vetro),
- cotone idrofilo,
- pongo / silicone,
- formica regina.

Qualcuno avvolge la provetta in un foglio di plastica trasparente rosso. Io lascio il vetro libero, mettendo le formiche in luoghi tranquilli dove l'illuminazione non subisca molte variazioni. Metterle in un cassetto al buio e poi estrarlo per controllarle, crea in loro molto più stress che non lasciandole sempre alla luce. Se la regina è una *Messor sp.*, le si potrebbero fornire anche dei semi direttamente in provetta. La regina così riceverebbe moltissimo aiuto in fase di fondazione. Si raccomanda che i semi siano piccoli, come quelli di papavero o di tarassaco.

Normalmente si dovrebbe lasciare alla regina solo un piccolo spazio, per farla sentire più tranquilla e protetta. Ma in questo caso, sarà difficile lavorare all'interno della provetta. Personalmente, tendo piuttosto a usare provette strette e lasciare un buon margine di spazio tra i due pezzi di cotone. In questo modo posso facilmente avvicinarmi con la punta di uno stuzzicadenti e sporcare una delle pareti della provetta con un po' di miele. Si può compiere la stessa operazione sporcando il batuffolo usato come tappo. Di solito questa soluzione si rivela migliore. Avendo maggiore spazio, è più facile prevenire eventuali fughe da parte delle regine o delle prime operaie – vitali nelle fasi iniziali.

Le provette dovrebbero essere controllate frequentemente, soprattutto se si trovano in ambiente secco: uno dei maggiori pericoli in fase di fondazione è che le regine rimangano senza riserva d'acqua. Nel caso, si deve intervenire, ad esempio collegando una nuova provetta con la riserva d'acqua a quella vecchia e attendere che la regina o la piccola colonia vi si trasferiscano. Per facilitare il "trasloco" si potrebbe oscurare la nuova parte con un cartoncino o con la carta stagnola. Se non si volesse o potesse spostare la popolazione della provetta, nello spazio tra i due pezzi di cotone si potrebbe immettere un piccolo batuffolo, compresso e bagnato. Così il problema potrebbe risolversi, anche se per breve tempo.

Effettuate queste operazioni, non resta molto da fare e la regina andrà avanti da sé. Dopo qualche tempo si potrebbe fornire del miele, come accennato prima. Una volta nate le prime operaie, la provetta dovrebbe essere messa in una piccola arena, come spiegato nel prossimo capitolo.

Trasporto

Il trasporto delle colonie di formiche è sconsigliato. Tuttavia, se per qualche motivo si rendesse indispensabile effettuarlo, si deve prestare molta attenzione agli sballottamenti. Normalmente è meglio trasportare una colonia sistemata in un terrario di un certo peso, piuttosto che in formicai piccoli e magari in pannelli verticali. Una maggiore massa, infatti, attutisce vibrazioni e scossoni. In qualunque caso conviene prevedere uno strato morbido intorno al formicaio in modo da attutire i colpi. In alcune specie i traumi sono talmente gravi da poter danneggiare la colonia. Prestare inoltre molta attenzione al trasporto di colonie miste.

Spostamenti

Arriva un momento in cui bisogna affrontare il problema dello spostamento di una colonia da un contenitore a un altro.

La fase meno traumatica è quella di trasferimento da una provetta a un nido. In questo caso, la soluzione migliore è mettere la provetta direttamente in arena e aspettare che la colonia vi si trasferisca da sola, sebbene questa operazione sia a volte davvero lunga. Se invece la colonia è sistemata in un formicaio verticale, con lastra di vetro sul davanti, si potrebbe mettere in arena l'intero formicaio, togliendo il vetro anteriore e illuminando fortemente il vecchio formicaio. Potrebbe valer la pena avere una o più arene grandi, da utilizzare solo per queste operazioni. Si potrebbe prevedere il collegamento tra i due formicai, rendendo inospitale il vecchio formicaio, illuminandolo o lasciandolo seccare, e interessante il nuovo, oscurandolo e inumidendolo a dovere.

In questo modo le formiche vi si trasferiranno spontaneamente.

I tempi necessari per effettuare questa operazione dipendono dalla specie, dalla fase in cui si trova la regina e dalle condizioni ambientali.

Fase di accrescimento

Ormai la colonia inizia ad avere le prime operaie, entrando in una fase piuttosto critica. La regina è allo stremo delle forze, le sue riserve scarseggiano e i rifornimenti che arrivano dalle operaie sono pochi e soprattutto, essendo queste ultime di dimensioni ridotte, lunghi nei tempi. Nella prima fase, le piccole operaie chiederanno cibo alla regina, dalla quale si allontanano mal volentieri, essendo piuttosto paurose. In condizioni normali, le formiche giovani rimangono nel formicaio ad accudire la regina e la prole, mentre le più vecchie vanno alla ricerca del cibo.

Nella fase di fondazione queste operaie, spesso minuscole, sono da subito coinvolte in attività all'esterno. Le piccolette sono piuttosto imbranate e può capitare che si uccidano nei modi più strani. Spesso rimangono invischiate nel miele o annegate nell'acqua. Quindi bisogna prestare molta attenzione.

In ogni arena, sia di accrescimento che normale, ho dai 3 ai 4 recipienti/tappi. Per le colonie grandi, la dimensione dei recipienti cambia. Ho diviso le fonti di cibo per colore: nei recipienti gialli metto le sostanze zuccherine (miele o zucchero), in quelli verdi cibo di tipo proteico (uova, insetti ecc.), in quelli azzurri l'acqua, mentre nei recipienti rossi/viola la frutta o alimenti simili. Così è facile tenere la situazione sotto controllo e si perde meno tempo.

I tappi in alluminio, usati per le acque minerali in bottiglia di vetro, si possono facilmente tagliare e "ribassare". Lasciare una parte alta può tornare utile sia per identificarli sia per prenderli con la pinzetta o altro attrezzo.

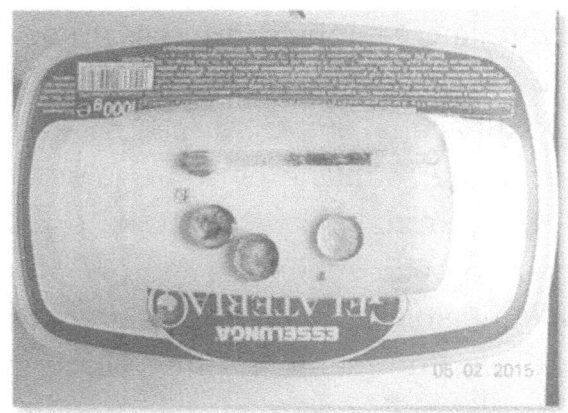

Vaschetta di gelato chiusa, con il coperchio forato e, all'interno, una provetta con piccola colonia di L. *emarginatus*. La provetta ha l'ingresso parzialmente ostruito da un pezzo di corteccia ed è stabilizzata con un po' di pongo. Il tappo verde a sinistra contiene pezzi di insetti, quello azzurro al centro cotone idrofilo schiacciato e acqua, a destra zucchero bagnato.

Antifuga

La realizzazione dell'arena comporta un nuovo problema: le formiche possono girovagare e quindi fuggire. Bisogna perciò escogitare un sistema per impedirglielo. Normalmente si usa un antifuga: il più naturale è l'acqua. È stato questo il mio primo rimedio per trattenere le formiche, ma è un po' scomodo da gestire: ogni recipiente deve essere circondato da un ulteriore recipiente più grande che contiene l'acqua e che dovrebbe permettere la creazione di un fossato di almeno 2 cm. I miei *Lasius emarginatus* erano in grado di passare sull'acqua. Infatti, dopo che questa rimaneva ferma per qualche periodo, la sua superfice si ricopriva parzialmente di patina e detriti vari, consentendo un agevole passaggio.

Per alcune specie, come la *F. cinerea*, questo rimedio è assolutamente inutile. Migliore risulta perciò l'utilizzo di sostanze che impediscano fisicamente alle formiche di passarci sopra e che, magari, risultino loro "sgradevoli". Una di queste, economica e semplice da trovare, è l'OLIO PER BAMBINI J. Si tratta di un prodotto piuttosto tossico per le formiche, così fastidioso da tenerle a distanza. In alcune situazioni, ad esempio in caso di panico generale, è però necessario prestare molta attenzione, poiché le formiche, nel tentativo di oltrepassarlo, potrebbero imbrattarvisi. Per questo motivo, si rivela utile la creazione di un'isola di gesso al centro dell'arena.

Arena con acqua posizionata all'esterno per facilitare l'involo dei sessuati.

Arena di accrescimento

L'importanza di aprire appena possibile la provetta in arena consiste nella possibilità di nutrire la colonia senza molte difficoltà e manipolazioni, fornire acqua in caso di necessità e non incorrere in problemi generati dal cibo che potrebbe ammuffire. È inoltre importante, in caso di formiche spaventate e pronte a reagire con l'emissione di acido formico, avere all'interno della provetta un ricambio dell'aria, che altrimenti le ucciderebbe.

A volte, si vorrebbero rendere le cose più naturali aggiungendo terra o sassolini, ma ciò è vivamente sconsigliato! Se da una parte le formiche saranno maggiormente a loro agio, dall'altra la visibilità per l'osservatore si potrebbe ridurre notevolmente. Le formiche potrebbero usare i vari materiali che sono in grado di trasportare, sia per ridurre lo spazio d'ingresso, sia per oscurare le pareti.

L'esigenza delle formiche di avere un ingresso piccolo si risolve facilmente utilizzando il tappo bucato della provetta o un pezzo di legno o sasso che ostruisca parzialmente l'uscita.

Per la pavimentazione, l'ideale, sulla base della mia esperienza, è fare una piccola colata di gesso, nella quale affondare leggermente la provetta (questa operazione va effettuata con una provetta identica, senza formiche): il gesso, infatti, garantirà il substrato ideale per far camminare le nostre piccole amiche.

Per ottenere un'arena efficiente, è ottimale l'utilizzo di un barattolo con chiusura ermetica. La finestra da lasciare nel coperchio dovrebbe consentire un facile inserimento delle mani o delle lunghe pinzette, oltre che rendere facilmente osservabile la provetta. Sul coperchio, nella parte rivolta verso il basso, dovrebbe essere spalmato il nostro antifuga. In questo modo, per poter attraversare la striscia oleosa, le formiche dovrebbero camminare al contrario: essendoci la minore presa possibile, la fuga dovrebbe essere scongiurata.

Piccola colonia di *F. sanguinea* messa in arena, in attesa che effettui il trasferimento. L'accesso al nido è il buco vicino all'uscita della provetta. Si può osservare anche il pongo stabilizzante. Da notare la mini isola di gesso.

Bisogna però fare attenzione a non utilizzare troppo antifuga, altrimenti questo potrebbe colare e dare grossi problemi alle formiche. Lo strato dovrà inoltre essere omogeneo e senza eccessi.

Formicaio in gasbeton, in basso a sinistra, con arena ricavata da vaschetta di gelato da 1 kg. Coperchio tagliato e unto con antifuga.

Questo sistema può essere utilizzato anche con le arene di colonie mature. Le formiche esasperate dalla mancanza di qualcosa, acqua o cibo, potrebbero comunque riuscire a scavalcare anche ostacoli normalmente impossibili.

Fase colonia media

A questo punto le cose, se da una parte sono andate bene, dall'altra iniziano a complicarsi. La colonia, fino ad ora, era contenuta in una provetta, ma adesso la popolazione fatica a stare nello spazio a disposizione.

È giunto perciò il momento di prendere una decisione: si potrebbe ad esempio affiancare alla provetta esistente una seconda provetta pulita, magari anche più grande. Così sarà possibile mantenere la colonia nella stessa arena. Se invece si decidesse di spostare le formiche in una nuova abitazione, lo si potrà fare spostando l'intera provetta nella nuova arena collegata al nuovo formicaio, oppure connettendo l'attuale arena al nuovo formicaio. Quest'ultima risulterebbe essere la scelta più professionale e la più naturale.

I beverini per uccelli sono comodissimi a patto che si fissino in qualche modo all'arena. Personalmente li affondo in fase di colata del gesso in modo da avere una posizione fissa. Ultimamente li sto riempiendo in parte di sassolini in modo da non farci annegare le operaie di specie piccole come ad esempio *Lasius sp.*. Anche se capita di trovare anche specie grosse come Formica sanguinea o a volte Camponotus vagus che si infilano nello spazio frontale e finiscono per annegare nella parte interna del beverino rischiando tra l'altro di inquinare l'acqua.

Creare un'arena per la colonia matura

Cosa non fare

Non creare un'arena chiusa ermeticamente: potrebbero infatti insorgere problemi di ristagno dell'aria, rendendo l'ambiente favorevole alle muffe, principale nemico di ogni formicaio. Inoltre per nutrire le formiche, sarebbe necessario aprire e chiudere il recipiente, sottoponendo le formiche a una situazione di stress che, alla lunga, potrebbe compromettere la colonia. Un'altra cosa da evitare è l'utilizzo di un'arena con un accesso per l'allevatore troppo piccolo, che renderebbe il normale accudimento delle formiche problematico, con la possibilità di far perdere la presa sugli oggetti o urtarne il bordo, mettendo in allarme la colonia.

Bloccare la provetta con silicone, pongo o altro e sistemare l'arena in un luogo piano, così da evitare un accumulo irregolare dell'antifuga. Non spargere terriccio nell'arena, tranne in casi particolari.

Talvolta, ho utilizzato aghi di pino per formiche di montagna e il loro accumulo non ha generato alcun fastidio. Se sul fondo si utilizza il gesso o una sostanza simile, evitare che lo strato sia irregolare. Creare quindi aree piane, della dimensione dei recipienti per il nutrimento, in modo da poter sistemare correttamente l'acqua, il cibo, ecc.

Regina di *Formica sp*. in provetta, in arena con ghiaia.

Arena con ghiaia

Dopo aver sistemato la provetta e i contenitori per i rifornimenti, si potrebbe aggiungere della ghiaia per rendere il fondo più naturale.

Attenzione: le formiche, avendone la forza, useranno questi sassolini per ostruire o ridurre la dimensione dell'entrata, che potrebbero anche non essere in grado di liberare in seguito.

Se si usa ghiaia troppo grossa, alcune formiche potrebbero nascondersi nei piccoli rifugi che si creano tra un sasso l'altro, rendendo la colonia dispersa in modo innaturale. Questa è una tendenza soprattutto delle *Formica sanguinea*. Le formiche piccole, invece, potrebbero trasferirsi in arena, tra i sassi.

Arena in gesso con piantine finte e, incluso, un piccolo nido.

Arena in gesso

È una delle migliori soluzioni, se si esclude quella nel cosiddetto gesso ceramico (resistente all'acqua ma costoso). Il gesso può essere dipinto con colori a tempera e vi si possono affondare elementi decorativi, per rendere l'ambiente più vario e accattivante.

Piante vere in arena

In arena possono essere posizionate piante vere. Bisogna però tenere presente che tale scelta comporta l'obbligo di illuminare in modo corretto i nostri vegetali, oltre che idratarli. La soluzione più semplice per l'illuminazione è l'utilizzo di LED specifici o piccole lampade a neon.

Per quanto riguarda il tipo di pianta, consiglio rametti di edera nana, che si trova normalmente in serra o nei supermercati. Il contenitore dovrà essere ben bloccato – io, di solito, lo immergo nel gesso fresco durante la costruzione dell'arena. Il recipiente dell'acqua dovrà essere appesantito con della ghiaia, nella quale la piantina affonderà le proprie radici. Se si ha a che fare con formiche piccole, che non hanno la forza di spostare la ghiaia, si può riempirne l'intero recipiente. Altrimenti, nella parte finale, intorno al gambo, è possibile creare uno strato di cotone idrofilo, che poi sarà mantenuto bagnato.

Le edere, in particolare, sono facilmente colonizzabili da afidi, reperibili in natura. *Attenzione: prendete afidi dall'edera e non da altre piante.*

Un ulteriore e innegabile vantaggio dell'edera è che, in genere, ha bisogno di poca luce, essendo spesso presente anche nel sottobosco. Sarebbe quindi consigliabile prenderne un rametto proveniente da quelle piante, sebbene non tutti gli allevatori potrebbero averne la possibilità.

Un'altra pianta adatta e che spesso viene parassitata è il sambuco. Basterà coglierne qualche rametto, sul quale magari siano già presenti degli afidi.

Attenzione: non permettere alla popolazione di afidi di crescere troppo altrimenti porteranno alla morte della pianta.

Anche le piante grasse potrebbero essere utilizzate, ma il loro sfruttamento per l'allevamento di afidi è molto più difficile.

È bene accertarsi che l'acqua non marcisca e trovare il giusto equilibrio tra il cotone secco (che fa passare aria) e l'acqua sul fondo del vasetto, che, di tanto in tanto, può essere rinnovata.

Alcune formiche, soprattutto del genere Formica, tenderanno a strappare il cotone per metterlo a disposizione delle larve quando si imbozzolano. In questo caso, è consigliabile mantenere il cotone sempre bagnato.

Controllare che la piantina non possa fare da ponte per superare l'antifuga dell'arena.

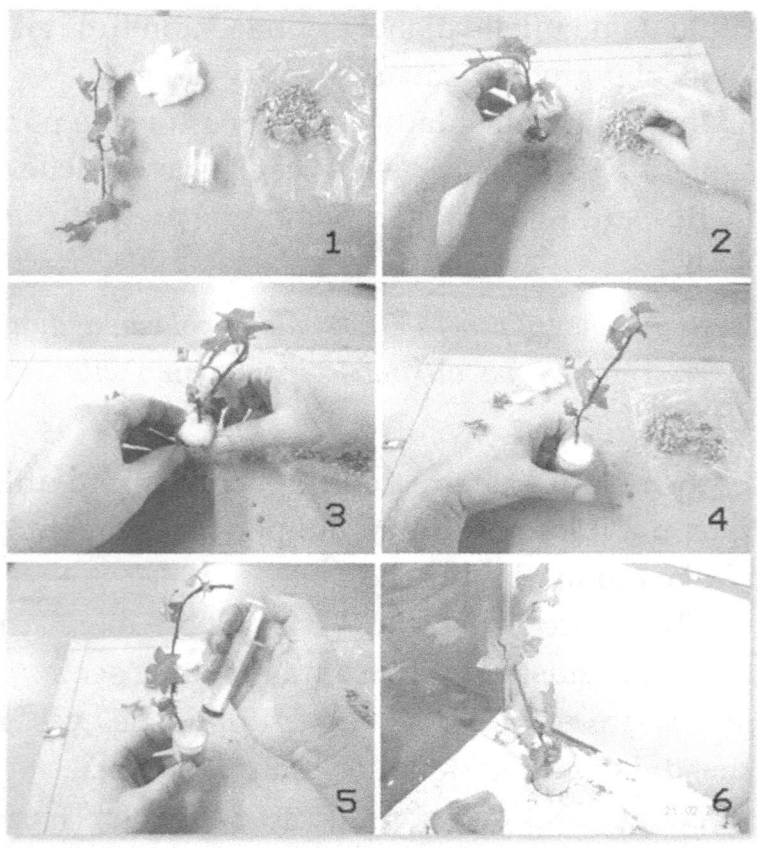

Come sistemare una piantina viva in terrario.

Il formicaio

Ultimata l'arena, è tempo di dedicarsi al formicaio, realizzandolo a misura della colonia attuale, oppure in forma definitiva. In quest'ultimo caso, prima di iniziare l'allevamento, bisogna conoscere i potenziali sviluppi della specie alla quale appartengono le nostre formiche.

In un formicaio troppo grande, le formiche appaiono disorientate e tendono a barricarsi in un piccolo spazio. Questo loro istinto da una parte le preserva a livello di difesa e dall'altra fa sì che si creino spazi adatti per conservare l'aria in caso di allagamenti. Vi capiterà di osservare come le formiche tendano a chiudere tutti i microspazi tra il vetro e il formicaio.

Un formicaio definitivo offre il vantaggio di non doversi più preoccupare di futuri spostamenti, che sono spesso fonte di grossi problemi. Lo svantaggio, invece, potrebbe essere che il formicaio viene sporcato o che le formiche non siano a loro agio a causa dello spazio eccessivo. Per evitare questa ultima difficoltà, si può intervenire bloccando od ostruendo alcuni punti "chiave" con cotone idrofilo o terriccio scavabile. Il cotone può essere rimosso tramite appositi fori predisposti nel plexiglass, mentre il terriccio può essere rimosso a piacere dalle formiche, quando sentono la necessità di uno spazio maggiore. Questa si presenta come la soluzione migliore, sebbene le operaie potrebbero spalmare il terriccio sul vetro per oscurarlo, rendendoci difficile l'osservazione. Personalmente preferisco riempire la maggior parte del formicaio con del ghiaietto, simile a quello che si usa per gli acquari. Utilizzarlo di colori differenti aiuta a rendere più allegro l'ambiente.

Come fare un formicaio

Prima di creare un formicaio, è bene munirsi di macchina fotografica e sollevare un po' di pietre fotografando eventuali formicai in natura. Un vero professionista archivierebbe le foto per specie o per genere, in modo da consultarle quando si trova a dover progettare un formicaio artificiale.

Un altro aspetto importante nella progettazione di un formicaio è l'umidità da fornire alla colonia. La soluzione migliore è realizzare formicai verticali che poggino in una vaschetta con acqua. In questo modo l'umidità (nel caso del gasbeton e del gesso ceramico KERAQUICK) può risalire e creare un gradiente di umidità differente. Le formiche, in base alle esigenze del momento o alle necessità nei vari stadi della covata, decideranno dove posizionarsi. Assolutamente da escludere una simile soluzione con il gesso, che si scioglierebbe lentamente.

Formicaio con terra

Il materiale migliore, oltre che il più naturale per realizzare un formicaio, è la terra, che deve essere abbastanza argillosa e non contenere un eccesso di materiale organico, che potrebbe ammuffire o marcire. Ricorrendo a questa soluzione bisogna rassegnarsi al fatto che le formiche faranno di tutto per nascondere le loro stanze, soprattutto quelle più importanti, con la prole e con la regina. Sarebbe bene utilizzare terra del colore giusto rispetto alla colonia che vogliamo allevare: formiche nere tenute su un terreno scuro sono difficili da avvistare, tendendo a confondersi con lo sfondo.

Una soluzione semplice è l'utilizzo di un barattolo di vetro o di plastica trasparente, con all'interno un cilindro che crei solo un piccolo spazio dalla parete esterna. Ipotizzando che si tratti di una scatola cubica di 15 cm di diametro, il cubo interno dovrebbe essere di 14 cm in modo da lasciare il minor spazio possibile come intercapedine con la parete esterna. Un'ottima soluzione è predisporre la parte interna con un materiale tipo mattone pieno in terracotta. Sarebbe possibile bagnarlo con acqua e fornire ottime condizioni di umidità a tutto il terreno intorno. Diversamente il substrato tenderebbe a seccarsi rapidamente, richiedendo attenzioni giornaliere.

<u>Vantaggi</u>
Facile da reperire – economico – atossico – naturale

<u>Svantaggi</u>
Le formiche facilmente useranno la terra per oscurare la visuale e chiudersi al buio – interventi difficili – la terra, se troppo secca, crolla

Formicaio con lastre parallele

Sempre con la terra si può adottare un'altra soluzione, più comoda ma anche più ingombrante, realizzando un formicaio con due lastre di vetro affiancate a circa 1cm di distanza, con l'intercapedine riempita di terra per i 3/5, così da lasciare alle formiche lo spazio per depositare il materiale di scavo.

<u>Vantaggi</u>
Facile da trovare – atossico – naturale – mantiene bene l'umidità

<u>Svantaggi</u>
Le formiche facilmente useranno la terra per oscurare la visuale e chiudersi al buio – interventi difficili – la terra, se troppo secca, crolla

Gesso

Ottimo materiale, che consente di effettuare colate direttamente nei barattoli o in altri recipienti. Può essere usato sia per creare veri e propri mattoncini con il formicaio in sezione o per riempire l'interno del recipiente. In entrambi i casi, si può procedere in due modi differenti. Dopo aver creato la forma, si possono scavare manualmente le varie gallerie e camere: in questo caso gli spazi risulteranno abbastanza disomogenei e grezzi. Il modo migliore è creare un negativo di quella che sarà la struttura del formicaio e poi effettuare la colata di gesso. Il materiale normalmente suggerito o usato per questo genere di realizzazione è la pasta di sale.

È facilmente ottenibile ma, personalmente, la ritengo assolutamente inadatta, poiché tende a lasciare piccoli residui che, col tempo, potrebbero generare problemi ammuffendo.

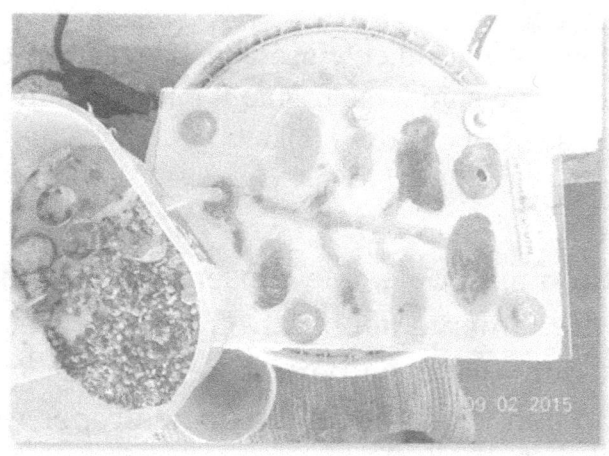

Formicaio in gesso, progettato per essere utilizzato in orizzontale o in verticale. L'umidità viene fornita tramite la stanza con il foro nel plexiglass, vicino all'etichetta gialla. L'ambiente è riempito di cotone idrofilo per poter mantenere a lungo l'umidità.

Un altro materiale utilizzabile è lo stucco per vetri, ma sconsiglio anche questo, poiché abbastanza tossico e parecchio unto.

Il buon vecchio pongo (pasta plasmabile per bambini) ritengo sia la soluzione migliore. Non si attacca eccessivamente al vetro e permette di essere tolto senza lasciare troppe tracce. Se il formicaio così ottenuto dovesse piacere, vi si può colare del silicone e ottenerne uno stampo eterno o quasi. Comodissimo per duplicare velocemente i formicai.

<u>Vantaggi</u>
Facile da reperire e lavorare – economico – atossico nella sua forma lavorata – facilmente modellabile – mantiene bene l'umidità

<u>Svantaggi</u>
Facilmente scavabile, sia da secco sia se bagnato – tende a favorire le muffe – fragile – difficile fissarvi delle strutture

Legno

Il legno è un materiale molto adatto, soprattutto per alcune specie di formiche, come ad esempio le grandi *Camponotus*. Non utilizzare legno trattato o compensati con legni compressi. L'ideale è procurarsi rami e tronchi già forati e poi tagliarli per ottenere una sezione utilizzabile. Assi e listelli si possono usare per comporre una sorta di labirinto.

<u>Vantaggi</u>
Naturale – facilmente lavorabile con i giusti strumenti – leggero

<u>Svantaggi</u>

Facilmente scavabile – tende a modificare la sua forma – se troppo bagnato, può marcire

Formicaio in legno con cavità naturale per *Camponotus herculeanus*

Gasbeton

Si tratta di un materiale molto poroso, utilizzato in edilizia per creare pareti leggere. La sua porosità lo rende ottimo in termini di areazione e umidificazione. Si possono sistemare tasselli con viti per bloccare il vetro o l'arena. Il materiale può essere lavorato semplicemente con un cacciavite o con piccole frese. È abbastanza facile da colorare. Dopo averlo preparato, è consigliabile lavarlo con acqua, così da eliminare la parte polverosa che potrebbe danneggiare le nostre formiche.

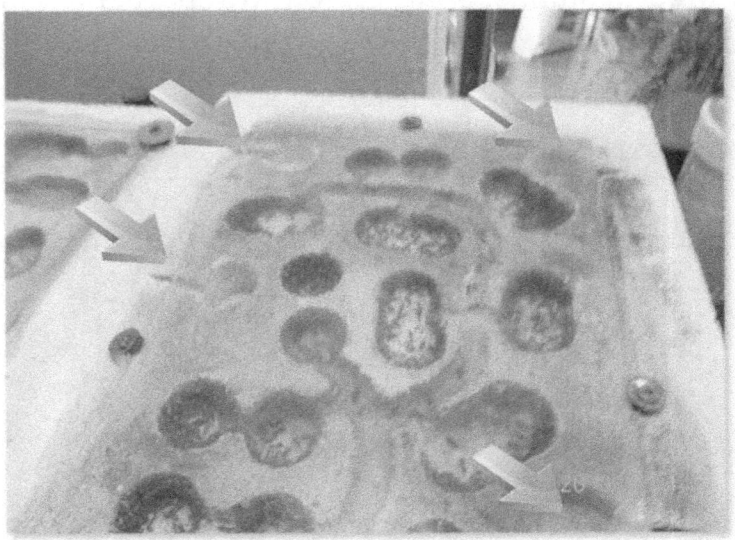

Formicai orizzontali in gasbeton. Le celle con uscita dal vetro, indicate con le frecce, servono a immettere acqua per umidificare.

Vantaggi
Ottimo conduttore di umidità – ottimo aeraggio – buona lavorabilità – leggero – sufficientemente resistente per fissare tasselli e viti

Svantaggi
Alcune specie tendono a forarlo – la porosità a volte risulta eccessiva per le piccole uova che vi si incastrano – esteticamente non eccellente

Per ovviare alla eccessiva porosità, è utile applicare un piccolo strato di gesso bagnato proprio lungo le stanze, spargendolo direttamente con le dita.

Formicaio verticale in gasbeton con riserva d'acqua. La nuova colonia di *Lasius niger* si è appena trasferita e ha scelto la seconda stanza, più umida. Questo formicaio ha anche serbatoi con fori predisposti per un uso orizzontale. In questo caso è stato utilizzato il plexiglass, che però non è un materiale particolarmente indicato; tende, infatti, a rigarsi facilmente, anche solo pulendolo, e modifica abbastanza la sua dimensionalità, ad esempio inarcandosi e consentendo così alle formiche piccole di fuggire. Inoltre, se tenuto alla luce, tende a deteriorarsi. Molto meglio il vetro.

Gesso e gasbeton

Nella parte inferiore di questo formicaio in gesso si può notare una specie di mattoncino grigio, realizzato in gasbeton e collegato a un tubetto di plastica, dal quale si fornisce l'acqua. Il cubetto permette di avere umidità, in una stanza nel pavimento e in altre due solo in una delle pareti.

A volte può risultare utile unire due materiali differenti, ad esempio realizzando una base in gasbeton, umidificabile tramite un piccolo condotto o un tubo di plastica. In questo modo si consente alle formiche di posizionare le larve e le uova sopra lo strato umido. Per il resto, la lavorazione è la stessa del gesso normale.

L'operazione da effettuare con attenzione è l'isolamento dal gesso. Si può creare un isolante in plastica oppure spalmare 5 lati del cubetto in gasbeton con del silicone, in modo da impedire all'acqua di bagnare il gesso. Così, solo il lato che fa da pavimento alla stanza sarà umido.

Gesso e cemento

Con questo impasto, che può essere portato a varie percentuali, si può cercare di indurire il gesso per renderlo meno facile da scavare. L'impasto tenderà ad ammuffire meno e ad avere meno "fioritura" del cemento. Personalmente, non la ritengo una scelta vincente: il composto, umidificandosi, tende ad aumentare di volume, arrivando a incrinare il barattolo, come si può vedere nell'immagine successiva, nelle parti con righe verticali. L'impasto, inoltre, risulta pesante e tende, così come il cemento, a creare delle cristallizzazioni bianche quando inumidito.

Gessi ceramici

Si tratta di prodotti molto simili al gesso, con una buona capacità di umidificarsi. Sono anche piuttosto leggeri, compatti e resistenti e non temono il contatto con l'acqua.

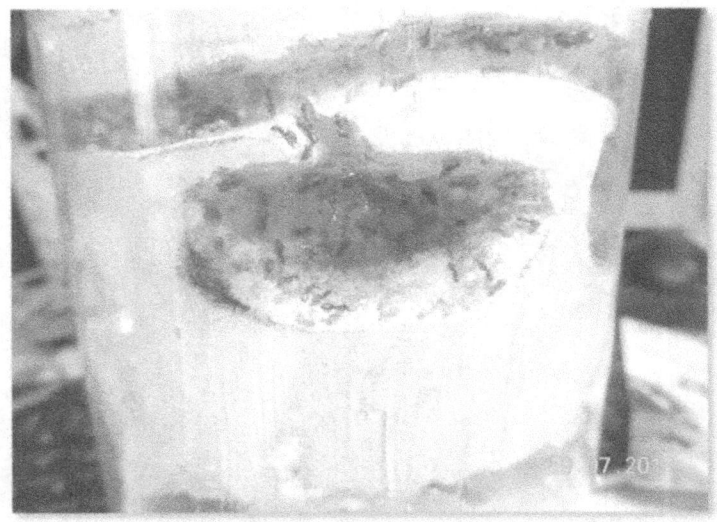

Questo formicaio è stato ottenuto facendo una colata mista gesso-cemento in un barattolo di plastica. Attenzione alla dilatazione del composto.

Controllate attentamente: ci sono vari prodotti che riportano la scritta "Gesso ceramico" pur essendo normali gessi. Mettendoli in acqua dopo la lavorazione e il tempo di asciugatura, si sciolgono. Personalmente, ho usato i prodotti MARMORINA e il KERAQUICK. I risultati sono molto buoni e, grazie all'uso combinato con il pongo, si ottengono ottimi formicai, dalle pareti lisce e difficilmente scavabili.

Formicaio in KERAQUICK: esperimento con due differenti colorazioni.

Plastica

Con le attuali stampanti 3D, è possibile realizzare formicai in plastica. Su internet sono disponibili file già pronti per l'uso. Personalmente non la trovo una buona scelta, anche se asettica. Sarebbe molto più proficuo utilizzare questa tecnologia per creare arene o strutture per arene.

Altri materiali

La terracotta è ottima e molto resistente. Tuttavia, una volta cotta, l'argilla si deforma leggermente nella struttura e possono facilmente crearsi delle crepe. Spesso non combacerà più con il vetro e bisognerà intervenire levigando la superficie. Talvolta, per appianare il tutto, conviene usare il silicone, che però è facilmente scavabile.

Il cemento rappresenta un'altra opzione, essendo molto resistente. Tuttavia è anche pesante e, se non opportunamente mescolato con sabbia, spesso si spacca.

Ibernazione

"Ibernazione" è un termine – sebbene non molto corretto – in uso presso allevatori e appassionati di insetti in genere. In realtà la parola corretta è "diapausa", termine con il quale «ci si riferisce a una fase di arresto spontaneo dello sviluppo di alcuni animali in cui l'organismo è inattivo, non si alimenta e non si muove, ossia l'attività metabolica si riduce. [...] La diapausa ha lo scopo di permettere all'insetto il superamento di condizioni ambientali avverse (diapausa invernale o, meno frequentemente, estiva)...».[3]

In Italia ci sono specie di formiche che necessitano di ibernazione, altre per le quali è facoltativa e altre ancora che hanno una sorta di diapausa estiva.

Tra le formiche che hanno bisogno di ibernazione ce ne sono due tipi: uno obbligato dalla temperatura e un altro che si autoregola, indipendentemente dalle condizioni. Nel secondo caso è interessante notare come non influiscano minimamente né la temperatura né la durata del giorno. Un esempio è dato dalle grosse *Campono-*

---

[3] Fonte: Wikipedia

tus vagus: a un certo punto la colonia si ritira nel formicaio e, a meno che non vi siano necessità impellenti, rimane immobile. La regina non depone e le larve sono alimentate poco o nulla. Tutto si ferma. Ciò avviene anche se alziamo la temperatura, cosa che, del resto, può solo comportare problemi, poiché le operaie rimangono passive e possono morire per disidratazione.

Personalmente, faccio svernare le *C. vagus* in una stanza tranquilla e relativamente umida. A volte inumidisco il gesso dell'arena e fornisco solo una provetta d'acqua di riserva e acqua e zucchero. In questo periodo, in arena non esce nessuna operaia.

Diverso è il comportamento del genere *Formica* – ad esempio *Formica sanguinea*, *Formica lemani* –, anche se originaria della montagna e abituata al gran freddo. Le regine di questo genere, a volte, continuano a produrre uova, anche se dovrebbero essere già a riposo. In questi casi, nei quali la temperatura influisce molto su questa "pausa", conviene collocarle all'esterno da metà settembre in poi, così da consentire alle colonie di compattarsi e prepararsi all'inverno. Una volta ottenuto questo raggruppamento, le formiche possono essere trasferite in frigorifero (se si ha spazio) o in luoghi freddi, ad esempio in cantine, box, ecc.

Attenzione al posizionamento nei garage: i fumi di scarico delle automobili potrebbero avvelenarle.

Generalmente, cerco di realizzare i formicai in modo che arena e nido si possano staccare per poi essere messi in frigorifero, che ha il vantaggio di mantenere una temperatura costante, senza sbalzi, e lo svantaggio di tendere a seccare le riserve d'acqua. Se si vive al Sud, è necessario trovare una soluzione che consenta di mantenere per lungo tempo le colonie a 10 gradi massimi.

La diapausa estiva si riscontra in formiche abituate al freddo o al fresco anche durante l'estate. Lo si può verificare costantemente con *Camponotus herculeanus* e a volte con *Camponotus ligniperda*. In questi casi, il problema non è soltanto il calore massimo, ma anche la mancanza di escursione termica tra giorno e notte. Queste formiche andrebbero lasciate fuori casa, così da percepire l'abbassamento di temperatura notturno. Diversamente, possono bloccarsi e ridurre ogni attività.

Perché ibernare

Le formiche si sono adattate all'alternarsi delle stagioni e, quelle che richiedono l'ibernazione, hanno trasformato uno svantaggio in vantaggio.

Con il freddo, tutti gli insetti rallentano la propria capacità di movimento, comprese le formiche che non hanno l'ibernazione obbligatoria. Le formiche di montagna sfruttano questo periodo per una sorta di rigenerazione e riposo: si tratta spesso, ma non sempre, di formiche con attività riproduttive impressionanti durante l'estate, ad esempio le specie del gruppo *Formica rufa*. Un altro fattore importante per alcune colonie di una certa dimensione è il freddo, che porta la regina a non essere attiva con i suoi ormoni di controllo, permettendo alle generazioni primaverili di avere dei sessuati. Senza questa pausa i formicai non si potrebbero riprodurre.

Come gestire l'ibernazione

Quando le colonie si trovano in provetta, i problemi relativi all'ibernazione sono minimi: basta metterle, chiuse, in frigorifero e riportarle all'esterno dopo 2 o 5 mesi, in base alla specie. Parrebbe essere il metodo più sicuro, che richiede solo ispezioni saltuarie alle colonie per controllare lo stato di umidità. Se si dispone di spazio o se si hanno poche colonie, conviene chiudere le provette in un contenitore, all'interno del quale si posiziona uno straccio bagnato o qualcosa di simile. Il coperchio del contenitore deve essere chiuso in modo da consentire il passaggio dell'aria. I tappi delle provette, preventivamente bucherellati, possono rappresentare una buona soluzione. Il classico tappo di cotone potrebbe inumidirsi troppo e non permettere il ricircolo dell'aria all'interno della singola provetta. Bisogna comunque prestare molta attenzione nel caso di provette densamente popolate.

Nei nidi, in gesso come in altri materiali, il problema è maggiore a causa dello spazio che occupano. Conviene avere un mobile all'esterno, nel quale sistemare i formicai. Il nido non deve mai essere esposto direttamente al sole, meglio quindi posizionarlo nel lato nord della casa. Meglio ancora se si riescono a usare contenitori in polistirolo, che isolano e rendono gli sbalzi di temperatura meno bruschi.

Attenzione: se la temperatura non fosse abbastanza bassa, le formiche potrebbero attivarsi, richiedendo acqua e cibo.

Ciò avviene spesso con specie abituate al freddo, come ad esempio le *Manica rubida*.

Importante è anche il luogo di conservazione delle colonie. In città come Milano, il freddo e l'abbassamento di temperatura sono limitati e, comunque, molto differenti dalle zone di provincia o di aperta campagna. Nelle grandi città, i formicai possono stare sui davanzali (senza sole), senza incorrere in gravi problemi.

Cura della colonia

Abbeverare le formiche

Le formiche non resistono molto senza acqua e ne hanno un continuo bisogno, soprattutto se c'è una covata. Per fornire sempre acqua in abbondanza, senza che le operaie anneghino, l'ideale è sistemare in arena una provetta con il tappo in cotone idrofilo pressato. Alcuni utilizzano anche beverini per uccelli, sempre con aggiunta di cotone idrofilo.

Io uso piccoli recipienti (tappi di bottiglia) con all'interno un buono strato di cotone idrofilo imbevuto d'acqua. Le provette le trovo scomode e le uso soprattutto in caso di colonie molto grandi o se devo allontanarmi per qualche giorno.

Fornire zuccheri

Anche per la somministrazione degli zuccheri, utilizzo i soliti tappini modificati. Preferisco tagliarne una parte per mantenere basso il bordo, così che le formiche possano facilmente sentire l'odore del contenuto e raggiungere il cibo. La soluzione che adotto è: mucchietto di zucchero di canna e qualche goccia d'acqua, così che lo zucchero si bagni pur rimanendo sempre in cristalli.

Per maggiore sicurezza, a volte nel tappo inserisco uno strato di cotone, per impedire che, se lo zucchero diventasse troppo liquido, le formiche vi possano annegare o invischiare. In caso di arena grande e con piante finte, metto piccole gocce di miele sulle foglie, il più possibile distanti tra loro. Mi piace vedere le formiche in esplorazione che tornano contente, segnando la strada per le compagne.

Fornire cibo proteico

Il sistema più semplice per somministrare cibo proteico è fornire altri insetti. In estate la cosa è di semplice attuazione: qualche mosca, zanzare, falene, cavallette ecc. Ovviamente, sarebbe del tutto insensato dare insetti uccisi con l'insetticida.

Generalmente questo è un ottimo sistema ma, se la colonia ha un certo peso numerico, bisogna essere in grado di garantire un continuo approvvigionamento. In alternativa si potrebbero fornire pezzetti di carne, tuorlo d'uovo e albume. La soluzione migliore, comunque, è avviare un allevamento di camole della farina.

Un'altra possibilità è rappresentata dalla dieta Bhatkar, dal nome del suo inventore. Si tratta di una dieta artificiale, concepita già nel 1970, che unisce in un solo prodotto tutti i principi nutritivi essenziali per le formiche. La sua consistenza gelatinosa consente di dosarla facilmente e non dovrebbe creare alcun tipo di problema alle formiche. Una volta preparata potrà essere suddivisa in più porzioni, surgelando quelle non utilizzate.

Dieta Bhatkar

Prima di procedere con l'elenco degli ingredienti, prendere nota del *modus operandi* per evitare errori o contrattempi.

Mescolare l'agar-agar in 250 cc di acqua, riscaldare fino alla bollitura e poi spegnere il fuoco. Una volta che il composto ha raggiunto la temperatura ambiente, aggiungere la pastiglia di vitamine polverizzata, il miele, altri 250 cc di acqua e l'uovo intero. Frullare gli ingredienti fino a ottenere un impasto, dall'aspetto simile alla marmellata. Suddividere le porzioni in base alle necessità, possibilmente in contenitori ermetici, e conservare in freezer.

Ingredienti dieta Bhatkar:
1 uovo di gallina intero (senza guscio)
62 ml miele
1 pastiglia di vitaminico/minerale
5g agar-agar naturale
500 ml acqua

Dieta Cardillo

Questa è la dieta che ho usato per alcune delle mie colonie: non è molto economica ma sicuramente molto comoda. L'ho provata perché, essendo recentemente diventato papà di due gemelli, avevo a disposizione del latte in polvere. Prima di procedere all'acquisto, comunque, tenete presente che non tutte le formiche la gradiscono.

Si basa sull'utilizzo di latte in polvere per neonati, del tipo NEOLATTE 1 o NEOLATTE 2. Già nel composto sono presenti tutti gli elementi utili per la crescita. Per renderlo appetibile alle formiche bisognerà però aggiungere dello zucchero di canna.

L'ingrediente più importante resta comunque l'acqua, che deve essere poca e deve solo bagnare il composto, senza trasformarlo in qualcosa di simile al miele.

Ingredienti dieta Cardillo:
  2 parti di zucchero di canna
  1 parte di latte in polvere
  pochissima acqua

Il preparato va sistemato in mucchietti nelle apposite "ciotole" e poi bagnato con qualche goccia d'acqua, senza esagerare. Se diventasse troppo liquido, aggiungere altro composto. Questo cibo dura nel tempo e, nei giorni successivi alla preparazione, può essere semplicemente bagnato, arrivando a un consumo quasi completo. Se viene aggiunta troppa acqua tende a guastarsi.

Non è adatto in arene chiuse e umide, in quanto lo zucchero tende ad assorbire l'umidità dell'aria. Il composto deve seccarsi da solo dopo alcune ore.

Scoprire il gusto della propria colonia

Con il tempo ci si accorgerà che non tutte le colonie sono uguali e che, in una stessa colonia, cose dapprima gradite, successivamente possono essere accolte con indifferenza. Ad esempio, ho avuto grossi problemi ad alimentare una macro colonia di *Lasius niger* e la stessa cosa si è ripetuta nel caso di *L. niger* come balie per regina di *Lasius umbratus*. Ignoravano completamente le camole, accettando solo falene e mosche. La situazione è migliorata quando le prime figlie della regina *Lasius umbratus* sono uscite a foraggiare. Ho avuto problemi simili anche con alcune *Camponotus* e *Messor*, che volevano mangiare solo ditteri o lepidotteri, al massimo blatte piccole. La regina *Messor* accettava invece di buon grado le camole. Bisognerebbe perciò provare varie alternative e consultarsi con altri allevatori.

Non solo cibo (raccomandazioni)

Alcune specie di formica devono poter utilizzare materiali particolari per l'impupamento delle larve. In natura usano sabbia, terriccio, lanuggine proveniente dai semi di pioppo, salice ecc. A casa nostra, saremo noi a dover pensare anche a questo aspetto.

Sconsiglio l'uso di terra o sabbia, poiché le formiche sanno bene come usarla e con essa potrebbero oscurare i vetri. Si può fornire quindi del cotone idrofilo, meglio se prima bagnato e pressato.

In caso di *Chthonolasius* o *Lasius fuliginosus* questo materiale potrebbe essere utilizzato anche per realizzare dei ripiani e ulteriori suddivisioni delle camere e, in certi casi, per oscurare. In genere, le altre specie che fanno i bozzoli lo useranno correttamente. Per questo motivo è utile cercare di tenere pulita l'arena dai residui di insetti, che a volte vengono impiegati a questo scopo. Strutture del bozzolo di questo tipo sono soggette ad ammuffimento.

In caso di formicai sporchi e vetri da pulire, si consiglia di farlo in inverno, durate la fase di ibernazione, nel periodo di maggior freddo. Personalmente pulisco prima il lato esterno della lastra, poi lo giro e subito lo richiudo, in modo da avere il lato sporco all'esterno.

Come capire se stiamo facendo bene il nostro lavoro?

Questa è davvero una bella domanda ed è molto importante porsela e cercare di osservare le nostre colonie.

In natura le formiche si gestiscono da sole, si trasferiscono, cambiano tipo di alimento ecc. In casa nostra, invece, sono relegate in piccoli spazi e non hanno la possibilità di cambiare formicaio, se ad esempio quello in cui si trovano risultasse troppo umido o troppo freddo. Siamo pertanto noi a doverci occupare dei loro bisogni. Inoltre, non è detto che una colonia attiva stia bene. Anzi, spesso è l'esatto contrario. Vediamo così alcuni aspetti che possono aiutarci a inquadrare la situazione.

Situazione ottimale	Cosa fare se la situazione non fosse quella ottimale
Le operaie hanno sempre l'addome dilatato e tendono a rimanere nel formicaio.	Il cibo non è sufficiente, non è quello che desiderano in quel momento, oppure cercano acqua perché il formicaio è troppo secco. Fornire acqua e diversi tipi di cibo. Si consiglia di fornire un elemento alla volta, così da vedere la risposta delle formiche.
In arena ci sono poche operaie in proporzione a quelle nel nido (eccetto casi di sovraffollamento).	Troppo poco spazio o spazio inadeguato.
Nel nido ci sono sempre individui non adulti: larve, uova o pupe.	Se si escludono le pause estive e invernali, potrebbero esserci problemi di salute della regina, un'alimentazione povera di

	proteine, oppure una temperatura inadatta.
La regina è calma e tende a rimanere ferma, circondata dalle operaie.	Ambiente inadeguato per la vita di un formicaio. Controllare temperatura, umidità e cibo e se l'ambiente è troppo rumoroso o disturbato da vibrazioni.
Le nuove operaie che sfarfallano (escono dal bozzolo) sono sempre più grandi delle precedenti o prossime alle dimensioni massime della specie.	Se le nuove nate sono picccoline, come le operaie di prima generazione, il cibo non è adatto. Non si stanno somministrando sufficienti proteine o cibo poco vario. Aumentare cibo proteico ed, eventualmente, aggiungere polivitaminici in proporzione, nell'acqua da bere.
Se la colonia è ormai matura, con un sufficiente numero di operaie, una volta l'anno dovrebbero presentarsi gli alati, sia maschi che femmine.	Se la colonia ha già 3 o 4 anni e non si presentano gli alati, la causa potrebbe essere una cattiva ibernazione. Controllare anche il cibo fornito.

Schede di alcune specie italiane

Camponotus vagus

Regina di *Camponotus vagus* con piccola operaia.

Areale di distribuzione: Italia, zone più calde.
Nome scientifico: *Camponotus vagus*
Ginia: monoginica.
Regina: 15-18 mm.
Colore regina: nero.
Operaie: 6-14 mm; presente casta major o soldati.

Colore operaie: nero, con effetto grigio dato dalla peluria.

Alimentazione naturale: melata e invertebrati.

Alimentazione artificiale: acqua e zucchero, camole, lepidotteri, invertebrati (di preferenza piccoli e medi), oppure dieta Bhatkar o dieta Cardillo. Se possibile integrare con frutta e verdure.

Umidità: Molto adattabili, in natura vivono sia in zone secche sia in tronchi marci, vicino a laghi e fiumi. In cattività non fare mai mancare l'acqua.

Temperatura: 22-28 °C, anche costante.

Ibernazione: consigliatissima. Tenderanno a fermarsi da sole, a prescindere dalle condizioni. Assicurarsi che siano ben idratate, meglio metterle in luoghi freschi, da 6 a 15 gradi.

Periodo di sciamatura: aprile/maggio.

Tipo di fondazione: claustrale (accetta ben volentieri miele e piccoli insetti).

Formicai in natura: usa tutte le opportunità, preferendo i tronchi marci. Si trova anche nei boschi.

Formicai artificiali: gesso, gasbeton, legno, sabbia, terra.

Difficoltà: semplice e resistente, può formare colonie molto grosse. Aumentando di numero, diventa aggressiva e abbastanza intraprendente.

Descrizione:
Formica molto bella, soprattutto dopo la comparsa nella colonia dei primi soldati. Ha un carattere plastico e le regine sono piuttosto intraprendenti e attive. Ho potuto verificarlo a seguito di uno sconfinamento di *Lasius emarginatus* nel nido-arena dei *C. vagus* – che ormai contavano una ventina di operaie piccole –, con conseguente impossibilità di recuperare i 4/5 *Lasius emarginatus* che vi erano caduti. È stato interessante vedere come, dopo l'allarme, la regina si sia attivata fino a ostruire con il proprio corpo il tunnel di ingresso al nido e abbia agito come un vero e proprio soldato. Altre regine, come molti allevatori sanno bene, sarebbero fuggite. Solo la fiera e aggressiva *Manica rubida* avrebbe agito in modo simile. In arena, le operaie si sono scatenate, anche se in maniera poco efficace.

In natura sono le dominatrici del territorio. Altre specie possono tenere loro testa, ma la maggior parte dovrà subire i loro atti di sabotaggio e vandalismo. Spesso pagano le conseguenze di questo comportamento specie che non sono con loro in competizione, come il genere *Messor*. Questi attacchi e assedi, a volte, proseguono per giorni. Piccole formiche aggressive, come i *Lasius emarginatus* o i *Crematogaster scutellaris*, se in gran numero, riescono a metterle in difficoltà. Da questo punto di vista si differenziano molto dalle loro parenti più strette, come le *C. ligniperda* e *C. herculeanus*, relativamente più tranquille. Sono buone cacciatrici e risultano molto importanti per l'equilibrio naturale degli ambienti che frequentano, cacciando da sole ogni tipo di invertebrato che riescono a raggiungere.

In natura, tendono spesso a creare nidi secondari, dove si trasferisce parte della popolazione.

Hanno un buon sistema di reclutamento per la difesa e, se un formicaio viene disturbato, le operaie accorrono numerose.

I maschi di questa specie, come del resto molti altri *Camponotus*, sono in grado di nutrirsi da soli di sostanze zuccherine e di acqua. Sembra siano in grado di fare anche trofallassi verso altri individui. In alcune colonie è possibile vederli dealati, mentre corrono tra le operaie.

Allevamento:

Non ci sono particolari accorgimenti con questa grossa formica. Si tratta di una specie territoriale abbastanza "cattivella". Raggiunto un certo numero di operaie, cerca di evadere, soprattutto se le manca qualcosa. Se ci riesce e vicino ci sono altre specie, la si vedrà entrare negli altri formicai e farne strage. Finché non si raggiungono i 60 o più individui, la colonia rimane abbastanza impassibile a colpi accidentali o scossoni. È bello vederle tranquille mentre, nel nido a fianco, sullo stesso ripiano, le *Formica sp.* si muovono prese dal panico dopo lo stesso scossone.

In nidi secchi o di legno, è da tenere presente che questa formica, per poter rendere le pareti del suo nido più facilmente scavabili, raccoglie acqua che poi deposita nel punto dove intende scavare. Insistono così tanto in questa operazione da riuscire, alla fine, a raggiungere il loro scopo. Il consiglio è trovare soluzioni con arena e nido insieme, così che non possano evadere.

Attenzione alle pareti dell'arena. Prevedere dai 3 ai 5 cm di spazio con antifuga, facendo sì che lo spazio sia preferibilmente orizzontale, in modo che le formiche lo debbano attraversare a testa in giù, senza possibilità di "impilarsi", superando lo strato di contenimento.

Tendono a essere un po' sporche e alcune stanze sono adibite a discarica. In natura, vari animaletti si occupano di ripulire, mangiando gli scarti. In cattività, l'operazione diventa difficile; pertanto, è meglio tenere il nido tendenzialmente secco per sfavorire muffe e marcescenze.

Operaie con addome rigonfio, in nido in gesso.

Curiosità:
- accettano in adozione pupe e larve di *C. lignipreda* e *C. herculeanus*;

- sembra esserci un odio particolare nei confronti dei *Lasius emarginatus*;
- raggiunto un certo numero di individui, vi è un cambiamento di carattere della colonia;
- le operaie neosfarfallate nascono già scure e sono difficilmente distinguibili dalle altre.
- ho trovato una colonia a circa 600mt nella zona del lago di Lecco interamente circondata da colonie enormi delle sue cugine *Camponotus ligniperda*. I soldati di questa colonia erano spesso malconci con antenne parzialmente amputate e a volte con zampe monche.

Camponotus herculeanus

Operaia di *Camponotus herculeanus* major

Areale di distribuzione: Nord Italia, in montagna, sopra gli 800m.

Nome scientifico: *Camponotus herculeanus*

Ginia: monoginica.

Regina: 15-20 mm.

Colore regina: nero-rossastro.

Operaie: 6-14 mm; presente casta major o soldati.

Colore operaie: capo e addome nero lucido; torace rosso scuro.

Alimentazione naturale: melata e invertebrati. Buone cacciatrici solitarie.

Alimentazione artificiale: acqua e zucchero, camole, lepidotteri, invertebrati (di preferenza piccoli e medi).

Umidità: abbastanza adattabili, vivendo anche in legno secco. In cattività, non fare mai mancare l'acqua.

Temperatura: 18-25 °C, meglio se con sbalzi verso il basso per l'alternarsi notte/giorno. In primavera depongono verso inizio febbraio, anche se tenute in frigorifero a 4/5 gradi.

Ibernazione: assolutamente necessaria. La deposizione avviene anche durante l'ibernazione.

Periodo di sciamatura: giugno/luglio.

Tipo di fondazione: claustrale (accetta ben volentieri miele e piccoli insetti).

Formicai in natura: sfrutta ogni opportunità, ma in genere preferisce tronchi. Si trova anche nei boschi.

Formicai artificiali: gesso, gasbeton, legno, sabbia e terra.

Difficoltà: media. Ha tempi di sviluppo lunghi e le prime operaie sono piuttosto delicate: perderne troppe comprometterebbe il futuro della regina. In fase iniziale, alimentare la colonia con miele e piccoli insetti, meglio se bruchi di tignola della farina.

Operaia minor

Descrizione:
Formica tranquilla, molto statica e dal carattere discreto. Simile a *Camponotus ligniperda*, dalla quale differisce per l'addome interamente scuro e per vivere in ambiente di montagna. In natura, al contrario delle *C. vagus*, tende a essere più pacifica, pur rivelandosi un'ottima guerriera negli attacchi sferrati da formiche aggressive, come quel-

le del gruppo *Formica rufa* e le *Formica sanguinea*. Generalmente, i suoi soldati si liberano velocemente delle seccatrici.

Allevamento:
Difficile. Può diventare molto lenta, soprattutto se non esiste l'alternanza di temperatura giorno/notte; la temperatura alta e costante, rallenta ulteriormente lo sviluppo. Se possibile, si dovrebbe tenere l'arena all'aperto, al riparo dal sole. D'estate, se c'è troppo caldo, tende a fermarsi, in modo simile alla preparazione all'ibernazione. La sua dimensione le permette facilmente di eludere alcuni sistemi antifuga. Generalmente non si allontana dal nido ed esce solo per cercare ciò che non trova in arena. Normalmente è molto pigra: recupera il cibo e rientra. È una buona cacciatrice e può catturare facilmente piccoli insetti. Predilige lepidotteri, cavallette, bruchi alle normali camole. È una formica piuttosto forte e, in caso di arena con ghiaia, tende a spostarla per occultare le camere e gli ingressi.

Curiosità:
- in frigorifero, a 4°C, si trova a suo agio e a febbraio inizia a deporre.
-

Camponotus (Colobopsis) truncatus

Regina e larve in colonia tenuta in tubetto di plastica.

Areale di distribuzione: Italia.

Nome scientifico: *Colobopsis truncatus*

Ginia: normalmente monoginica.

Regina: 6-7 mm.

Colore regina: marrone scuro con torace leggermente più chiaro.

Operaie: minor 3-4 mm e major 5-6 mm.

Colore operaie: addome nero/marrone con una fascia chiara vicino all'attaccatura dell'addome. Testa rossastra con torace più chiaro.

Alimentazione naturale: melata e invertebrati.

Alimentazione artificiale: acqua e zucchero, camole, lepidotteri, invertebrati (di preferenza piccoli e medi).

Umidità: bassa, dal 30 al 40%.

Temperatura: 20-27 °C, anche costante.

Ibernazione: necessaria.

Periodo di sciamatura: aprile/maggio.

Tipo di fondazione: claustrale.

Formicai in natura: specie arboricola che sfrutta ogni fessura e scava nel legno.

Formicai artificiali: legno, provette strette, tubetti in plastica. Ideale è tenere la regina in fondazione in un tubetto di plastica trasparente, chiuso da entrambe le parti con cotone pressato. Mantenere una buona umidità. Va seguita quotidianamente.

Difficoltà: Abbastanza semplice, anche se la fase di fondazione è un po' delicata.

Descrizione:
Formiche molto miti e tranquille, si adattano a qualunque nutrimento. Non necessitano di grandi spazi, arrivando a formare colonie di qualche centinaio di individui.
Sono divise in caste. Le major, dette anche soldati, nel formicaio oziano o sorvegliano l'ingresso, presso il quale fungono da "porte viventi", riuscendo, grazie alla particolare conformazione del loro capo, a bloccarlo completamente e rendere sicura la colonia. Anche la regina ha la stessa capacità. Le major hanno quasi sempre l'addome gonfio e sono usate come "deposito", soprattutto di risorse zuccherine. Ciò porta le operaie a uscire di rado, se il formicaio è ben rifornito.
Il comportamento varia molto in caso di covata.

Allevamento:
Semplice. Il tubetto con il nido può essere sistemato tra le fronde di un'arena in gesso. Possono condividere lo spazio con altre formiche non ter-

ritoriali. Spesso le operaie collaborano tra loro per procurarsi il cibo.

Curiosità:
- la regina e i soldati possono ostruire un passaggio usando la testa come tappo, chiudendo all'esterno i nemici;
- i soldati sono utilizzati anche come "contenitori" delle sostanze zuccherine.

Camponotus nylanderi

Regina di *Camponotus nylanderi* con le sue figlie.

Areale di distribuzione: Sud e Sicilia.

Nome scientifico: *Camponotus nylanderi*

Ginia: normalmente monoginica.

Regina: 15-20 mm.

Colore regina: marrone chiaro tendente al miele, con punte di rossastro.

Operaie: Da 6 a 14 mm.

Colore operaie: le operaie più piccole tendono ad essere più chiare delle major. Molto belle da vedere.

Alimentazione naturale: melata, frutta matura e invertebrati.

Alimentazione artificiale: acqua e zucchero, lepidotteri, invertebrati (di preferenza piccoli e medi). Questa specie mi ha dato non pochi grattacapi prima di scoprire che preferiscono piccoli lepidotteri e, in particolare, gli adulti di tignola della farina. Non hanno mai mangiato le camole. A volte, pezzi di blatta.

Umidità: bassa.

Temperatura: 26-30 °C, anche costante, soprattutto in fase di fondazione.

Ibernazione: non necessaria. In Sicilia si avvista anche a dicembre. In caso la si voglia comunque fare, tenere il formicaio intorno ai 10-15 °C.

Formicai in natura: in genere, nel terreno.

Formicai artificiali: gasbeton o gesso.

Periodo di sciamatura: autunno.

Tipo di fondazione: claustrale.

Difficoltà:
Abbastanza semplice, anche se la fase di fondazione è un po' lenta. Nella mia esperienza, è ac-

caduto che si sbloccasse dopo essere riuscito a fornire i piccoli lepidotteri con buona frequenza.

Descrizione:
Si tratta di formiche miti e tranquille, che si muovono preferibilmente di notte. Ricordano in parte le altre *Camponotus* maggiori, escluse le *C. vagus*. Si ritiene che siano formiche di origine africana, arrivate in Italia grazie ai commerci dei Romani. Si conferma la *Camponotus* maggiore italiana più bella e colorata.

Allevamento:
Semplice, anche se è da ritenersi una formica delicata, in modo particolare la regina. La fase iniziale è critica in quanto risulta difficile e complicato nutrire con proteine la colonia. Uno dei metodi migliori è di fornire piccoli grilli o adulti di tignola della farina direttamente all'ingresso del nido.

Formica fusca

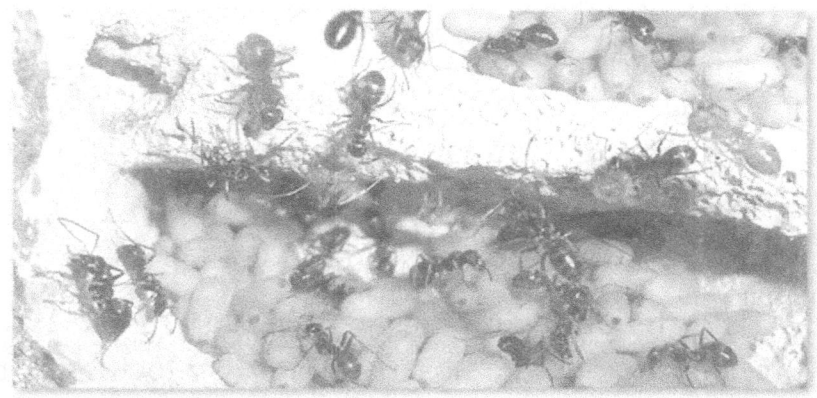

Pupe e operaie tra cui alcune molto giovani.

Areale di distribuzione: Italia, esclusa la Sicilia.

Nome scientifico: *Formica fusca*

Ginia: poliginica. Una delle regine sembra essere dominante sulle altre.

Regina: 7-8 mm.

Colore regina: nero.

Operaie: 5-8 mm – caste non presenti.

Colore operaie: nero.

Alimentazione naturale: melata e invertebrati.

Alimentazione artificiale: acqua e zucchero, camole, lepidotteri, frutta dolce, insetti (di preferenza piccoli e medi).

Umidità: fornire un gradiente di umidità.

Temperatura: 20-30 °C.

Ibernazione: consigliata. Talvolta, anche a basse temperature, alcune operaie passeggiano in arena.

Periodo di sciamatura: giugno/luglio.

Tipo di fondazione: claustrale. La regina va lasciata tranquilla e non necessita di rifocillamenti: spesso non ha interesse per il cibo. Riprovare dopo che le larve si sono sviluppate o quando appaiono le prime pupe. Possibile che vi siano da subito associazioni di più regine.

Habitat: onnipresente e fino a 1500 m; oltre questa quota viene in genere sostituita dalla *F. lemani*. La si trova in prati, campi coltivati a fieno, giardini e, a volte, nei vasi sui balconi.

Formicai in natura: specie molto schiva. Tende a realizzare formicai mimetizzati. La notte li chiude e, se non c'è bisogno di uscire, le entrate rimangono serrate. Si differenzia dalla cugina *F. cunicularia* sia per la colorazione omogeneamente scura, sia perché quest'ultima tende sempre a elevare piccoli monticelli e ad avere formicai con più uscite. Anche il carattere è più docile e schivo. Preferisce la fuga alla difesa. In colonie numerose, tende a diventare più aggressiva. Le sue scarse capacità difensive possono permettere a formiche più piccole, come *Lasius emarginatus*, di rovinare un'intera colonia.

Formicai artificiali: gesso, gasbeton, sabbia e terra. Se ha a disposizione ghiaia o terriccio, tenderà a utilizzarli per chiudere l'ingresso al formicaio.

Difficoltà: semplice; se ben nutrita, lo sviluppo è abbastanza rapido. Il primo anno può arrivare all'ibernazione con già una ventina di operaie.

Descrizione:
Formica timida, pronta alla fuga. Tra le *Formica* è quella che spesso ha operaie più grandi e regine più piccole (escluse le *Formica* di alta montagna). Nonostante la sua indole, è molto selettiva e in alcuni casi può mettere in crisi le formiche parassita, non permettendo alle nuove nate di sopravvivere. Quest'ultima caratteristica, tuttavia, varia parecchio da nido a nido. Se nella colonia sono già presenti formiche "parassite", le operaie si abituano alla loro presenza e ne lasciano soprav-

vivere un numero maggiore. Nel caso di colonie di *Polyergus rufescens* con operaie di questa specie, le *Formica fusca* imparano ad associare i segnali di partenza e arrivo dei raid e alcune di loro si adoperano per ingrandire l'ingresso al nido, consentendo il veloce rientro delle amazzoni con le loro prede. Tutto questo avviene per passi e via via che gli episodi di raid si susseguono. L'argomento è stato più volte approfondito dalla studiosa polacca Janina Dobrzarska, la quale afferma e dimostra come sia una specie intelligente, in grado di imparare e fare esperienza.

In determinate situazioni, il loro carattere può cambiare, trasformandole in operaie piuttosto aggressive. Lo si verifica facilmente se ci si avvicina a formicai parassitati: in questa situazione, le operaie si comportano in modo uguale, o comunque molto simile, alle operaie di *Formica rufa*. Addirittura, sono stati osservati mini raid di sole *F. fusca* al seguito delle scorribande delle amazzoni. In attacchi da parte di *Formica sanguinea*, le *F. fusca* schiave combatteranno coraggiosamente contro le assalitrici, al fianco delle *Polyergus rufescens*. Sembra che questo comportamento sia dovuto al numero elevato di individui.

Le *Formica fusca*, se ben nutrite, possono generare operaie piuttosto grosse. Tendono ad accumulare scorte di cibo nei loro stomaci sociali e l'addome può cambiare colore, diventando grigio chiaro. Le operaie, quando hanno lo stomaco pieno, diventano piuttosto inattive, tranne che per la cura della prole. In caso di prole lasciata sul terreno, tendono a raccoglierla solo in un secondo momento, differentemente da altre formiche, che danno priorità assoluta al recupero.

Allevamento:
Semplice. Fare attenzione a non scuotere il formicaio: come tutte le *Formica* sp. tende a spaventarsi facilmente. È molto sensibile.

Curiosità:
- sembrano esserci incroci tra *F. fusca* e *F. cunicularia*;
- possono condividere il territorio con altre specie non territoriali. A volte anche in arena è possibile tenerle insieme alle *Camponotus truncatus*, a patto di fornire sufficiente cibo e avere l'accortezza di metterlo in alto, su rametti, per le *C. truncatus*.

- Nonostante siano tra le serviformica più sfruttate, hanno una serie di comportamenti a difesa della specie che, in alcuni casi, le portano a liberarsi dalle schiaviste. Infatti, in caso di formicai molto grossi dominati da schiaviste, può accadere che un gruppo di operaie si allontani dal nucleo centrale andando a fondare una "dependance". Tale gruppo rimane comunque in contatto con il formicaio madre, tendendo però a separarsene sempre di più. In caso di schiave di *Polyergus rufescens*, le amazzoni del nido centrale, come contromossa, tenderanno a fare piccoli raid in questi formicai, riportando nel nido centrale le schiave adulte, per contenere il decentramento. A volte però, questi nidi secondari accettano delle giovani regine e, di fatto, costituiranno una colonia periferica in grado di rifornire di operaie il nucleo centrale delle schiaviste e, in alcuni casi, di liberarsene definitivamente.

Regina e operaie di *Formica fusca*.

Regina di *Formica lemani* con covata e le prime operaie.

Formica lemani

Areale di distribuzione: Nord e parte degli Appennini.

Nome scientifico: *Formica lemani*

Ginia: poliginica.

Regina: 7-9 mm.

Colore regina: nero lucido.

Operaie: 5-6 mm – caste non presenti.

Colore operaie: nero lucido.

Alimentazione naturale: melata e invertebrati.

Alimentazione artificiale: acqua e zucchero, camole, lepidotteri, frutta dolce, insetti (di preferenza piccoli e medi).

Umidità: media; fornire gradiente di umidità.

Temperatura: 20-27 °C, anche costante.

Ibernazione: necessaria.

Periodo di sciamatura: luglio/agosto, nelle ore centrali.

Tipo di fondazione: claustrale.

Formicai in natura: a volte molto popolosi, solitamente sotto sassi o tronchi scaldati dal sole.

Formicai artificiali: gesso, gasbeton, sabbia e terra.

Difficoltà: semplice, ma patisce le temperature troppo alte. In estate, se la colonia sembra bloccata, tenerla fuori la notte così che percepisca lo sbalzo termico giorno-notte.

Descrizione:
Molto simile alla *F. fusca*, anche se dotata di maggiore coraggio e intraprendenza. Discreta cacciatrice solitaria di piccoli insetti. Ha un aspetto molto bello e, con la giusta luce, appare sempre scintillante. Normalmente occupa i versanti sud e predilige gli spazi aperti, possibilmente con pietre piatte sparse sul terreno. La si trova spesso a poca distanza dalle abetaie.

Allevamento:
Semplice. Tende a rimpinzarsi e oziare nel formicaio. Fare attenzione alle temperature eccessive e

stabilire almeno 4 mesi di freddo, intorno a 4/10 °C (meglio 4 °C).

Curiosità:
- viene spesso presa di mira dalle specie parassita in fondazione, come *F. rufa* (gruppo) e *F. sanguinea*.

Formica (raptoformica) sanguinea

Regina di *Formica sanguinea* con operaie e larve. Sulla destra si vede una giovanissima *F. sanguinea*.

Areale di distribuzione: intera Italia.

Nome scientifico: *Formica (raptoformica) sanguinea*

Ginia: poliginica.

Regina: 9-11 mm.

Colore regina: capo scuro, torace rosso-arancio, addome nero, zampe rosso-arancio.

Operaie: 6-8 mm.

Colore operaie: capo scuro, torace rosso-arancio, addome nero, zampe rosso-arancio.

Alimentazione naturale: melata, frutta matura e invertebrati.

Alimentazione artificiale: acqua e zucchero, camole, lepidotteri, frutta dolce, insetti vivi e morti (di preferenza piccoli e medi).

Umidità: fornire un gradiente di umidità.

Temperatura: 20-30 °C. In estate si ottengono migliori risultati esponendola a temperature più fresche la sera.

Ibernazione: necessaria.

Periodo di sciamatura: luglio/agosto. Sciamature abbondanti.

Tipo di fondazione: vario.
Si tratta di una formica molto adattabile, che utilizza differenti strategie per la fondazione.
In alcuni casi sembra che possa fondare in modo simile alle parassite. La regina trova un piccolo

nido di *Formica sp.* e si appropria della covata, mettendo in fuga o uccidendo la regina. In altri casi dovrebbe fondare in claustrale autonomamente, anche se l'addome molto ridotto lascia alcuni dubbi. In altri casi si allea con formiche operaie della sua stessa colonia e in altri ancora, cerca di appropriarsi del maggior numero possibile di bozzoli, nel corso delle scorribande di sue conspecifiche. A volte crea alleanze con sorelle regine, utilizzando una delle modalità precedentemente descritte.

In questo ultimo caso, è stato dimostrato che giovani regine accoppiatesi con uno o pochi maschi, tenderanno a raggrupparsi più facilmente, mentre quelle che si sono accoppiate con un gran numero di maschi, tenderanno a essere monoginiche.

In cattività è bene aiutarla con qualche bozzolo di *Formica sp.*, meglio se di *F. sanguinea*.

Non dare mai larve, poiché la richiesta di cibo costringerebbe la regina a nutrirle e a esaurire le proprie scorte.

Osservazioni personali di fondazione.

Qualche anno fa trovai numerose regine di *F. sanguinea*. Visti i passati tentativi di fondazione poliginica falliti, decisi di fare un esperimento. Mi procurai alcuni bozzoli da un monticello di *F. exsecta*, unica possibilità offertami dall'ambiente. Li misi ammonticchiati in un'arena di circa 25x40 cm con fondo ricoperto di terriccio e di aghi di conifera, per riprodurre il terreno sul quale le avevo trovate. Mi accorsi che nel mucchio di pupe, forse una cinquantina, era rimasta un'operaia adulta. Sistemai tre provette già pronte, equidistanti tra loro (oscurate con un cartoncino nero, cotone e serbatoio d'acqua). Liberai poi le regine. Dopo un primo attimo di panico, la situazione si stabilizzò. L'operaia raggruppava le pupe e vi si posizionava sopra.

Una regina – che chiamai CO (coraggiosa) – si mise a vagare intorno ai bozzoli, incerta sul da farsi. Incontrava l'operaia che, dopo un primo tentativo di reagire e proteggere le pupe, si sottometteva.

Un'altra regina – LA (laboriosa) –, avvicinatasi alle pupe, ne prese subito una, allontanandosi. Trovata una provetta vi ci si rifugiò e, dopo qualche istante, ricomparve dirigendosi verso le pupe per prelevarne altre.

Durante queste operazioni, veniva spesso intercettata da CO, che a volte aveva anch'essa in bocca una pupa. Tra le due aveva così inizio un combattimento frenetico e velocissimo, a mio parere più ritualizzato che effettivo. Le regine non rimanevano mai attaccate l'una all'altra ma, dopo vari avvinghiamenti, si lasciavano e si allontanavano. La regina LA ne approfittava così per portare un altro bozzolo nel proprio rifugio.
Nel frattempo, anche l'ultima regina PA – pavida – girava per l'arena e, incontrando le altre, fuggiva a gambe levate.
La PA aveva una colorazione particolare e il torace era quasi giallo. Inizialmente, pensai fosse dovuto alla giovane età, ma questa colorazione è ad oggi mantenuta ed è presente anche in alcune delle figlie.
Alla fine, la regina LA aveva riempito lo spazio disponibile nella provetta, portando con sé anche l'operaia. Nonostante la presenza di altri bozzoli in arena, iniziò a chiuderne l'imboccatura. A quel punto, il mio sogno di avere una colonia poliginica di *F. sanguinea* in fondazione si era chiaramente infranto.

Tolsi perciò alcuni bozzoli dalla regina LA per darli alla regina PA. Gli altri rimasero alla regina CO.

È stato interessante vedere come ogni regina si comportasse in modo differente, così come lo è stata la fondazione. Le due regine CO e LA andarono in ibernazione senza prole propria. La PA, invece, iniziò a deporre prestissimo e la messa in ibernazione venne ritardata poiché sempre presenti delle pupe.

Attualmente, tra le tre, è la regina con il maggior numero di operaie. A lei sono state date anche alcune pupe di *F. fusca*, delle quali solo un paio si sono trasformate in operaie.

Habitat: predilige le zone secche raggiunte dal sole; usa tronchi, sassi, pali di recinzione in legno ecc. La si trova al limitare dei boschi o in pieno prato, oppure tra cespugli. Di solito in collina e montagna.

Formicai in natura: specie molto varia. Ci sono formicai in cui la presenza di schiave è massiccia, rendendone la forma simile ai nidi delle formiche schiavizzate. In altri casi, nei quali la presenza delle schiave è molto limitata, vengono eretti piccoli monticelli, soprattutto se il formicaio si trova in pieno prato. Spesso vengono usati aghi di conifere. In questo modo il monticello è utilizzato per disporvi le pupe e garantire un migliore riscaldamento. In altri casi vengono usati tronchi marci. Si tratta di una specie sempre molto aggressiva e fermarsi in osservazione può diventare "complicato".

Formicai artificiali: gesso, gasbeton, sabbia e terra. Si sconsiglia di fornire ghiaietto in arena: essendo formiche forti possono spostare facilmente sassolini anche pesanti e le operaie tenderanno a creare accumuli all'uscita del formicaio.

Difficoltà: media. Complessa se si desidera soddisfare il suo istinto di procurarsi bozzoli di altre *Formica sp.* Tende a spaventarsi e ad attaccare gli attrezzi di lavoro (pinzette, bastoncini ecc.). Necessita di clima fresco.

Descrizione:
La *F. sanguinea* è una formica schiavista facoltativa: una colonia di sole *F. sanguinea* è perfettamente in grado di cavarsela, ma, a volte, sfrutta la forza lavoro di operaie di altre specie a proprio vantaggio.

I raid intrapresi non hanno sempre lo scopo di procurarsi schiave, ma spesso hanno risvolti predatori.

Formica dal carattere territoriale, molto nervosa e aggressiva. È in grado di trasportare e immobilizzare anche grosse prede. Vicini come i *Lasius emarginatus*, a volte terribili nemici per altre *Formica* come le *Formica fusca*, hanno solo da temerle. Per contro, tende ad adottare bozzoli di qualsiasi tipo di formica, operazione necessaria per l'avvio di una nuova colonia. Consiglio sempre *Formica fusca* o *Formica lemani*.

A volte le sue serve, non riconoscendole, portano all'esterno del formicaio operaie neosfarfallate di *F. sanguinea* e le operaie di *F. sanguinea* le riportano nel formicaio: cosa senz'altro buffa. Questo comportamento delle serve potrebbe compromettere la fondazione di una nuova colonia.

Allevamento:

Specie molto semplice da nutrire. Mangia di tutto. Si tratta di una specie comunque nervosa, da mettere preferibilmente in un ambiente tranquillo – come del resto tutte le *Formica*. Nonostante l'abbondanza di cibo, spesso l'addome non è rigonfio come quello delle altre appartenenti al gruppo *Formica*. Alcuni individui mantengono il gastro normale, non particolarmente dilatato.

In una delle mie colonie, ho dovuto intervenire per poter avviare correttamente la famiglia. La regina aveva ricevuto in adozione circa 40 operaie di *F. cunicularia* (?). Alla nascita, le giovani *F. sanguinea* venivano allontanate e buttate in arena, morendo dopo qualche tempo per i danni subiti.

La regina continuava a produrre una gran quantità di uova, ma nessuna operaia si salvava. Queste piccole operaie avevano un atteggiamento schivo e sottomesso; per lo più cercavano di rimanere ai margini del formicaio. Decisi così di lasciare meno di dieci di operaie di *F. cunicularia* (?) e tutta la covata, che contava circa una ventina di pupe prontissime.

A quel punto, quando le operaie di *F. sanguinea* erano sfarfallate, nonostante fossero ancora chiare, le *F. cunicularia* (?) continuarono nella loro azione di bullismo, allontanando quelle più pigmentate.

Rapidamente il numero delle *F. sanguinea* diventò maggiore rispetto alle *F. cunicularia* (?). Da quel momento in poi, si stabilì fra tutte l'accordo. Le *F. sanguinea*, dal canto loro, non avevano mai manifestato comportamenti aggressivi verso le *F. cunicularia* (?).

Nel caso delle colonie ottenute grazie al supporto della *Formica exsecta*, lo sviluppo è stato simile a quello avuto con le *F. cunicularia*. Le schiave hanno mostrato solo un accenno di intolleranza verso le nuove nate; per contro, in alcune situazioni, forse di stress, ho potuto osservare delle aggressioni "trattenute" verso la regina o verso le operaie di *F. sanguinea*, che si concludevano in pochi secondi. Queste aggressioni mi hanno causato spavento e sono dimostrazione dell'incomprensione esistente tra queste due specie. Certamente, in futuro, non ricorrerò mai alla *Formica execta* come balia per altre *Formica*.

Curiosità:
- organizza spedizioni verso nidi di altre formiche, in alcuni casi anche di altre *sanguinea*. Vi sono formiche che esplorano per poi segnare il percorso verso i nidi scoperti. Ma i ruoli non sono prestabiliti. I raid sono molto violenti e spesso si configurano come vere stragi. Molto differente da quanto accade con i *Polyergus rufescens*;

- spesso ai raid prendono parte anche le formiche schiavizzate, probabilmente per una buona similitudine tra schiave e padrone;
- vi sono azioni di guerriglia anche contro formiche di generi non direttamente in competizione o sfruttabili, come ad esempio *Lasius* o *Camponotus*. Le azioni possono durare parecchio tempo e portare a numerose perdite per entrambe;
- talvolta il torace delle regine ha una colorazione piuttosto chiara, che si conserva nel tempo. Anche le operaie possono essere di colorazione differente. La varietà più bella è quella con testa rossiccia;
- la colonia, per sopravvivere, non necessita di schiave;
- normalmente evitate dalle *Polyergus rufescens*;
- quando mordono, spruzzano l'acido nella ferita;
- tra le formiche è quella in cui le regine normalmente si accoppiano più volte con maschi differenti (*polyandrous*), dando origine a figlie geneticamente differenti. Di contro, sembra che le colonie poliginiche abbiano

un basso livello di *polyandrous*. Questo aspetto potrebbe essere anche dovuto al fatto che le regine che si accoppiano con più maschi tendono ad allontanarsi molto dai nidi d'origine, per cui difficilmente incontrano sorelle con cui dare vita a una colonia;
- in generale, ha un comportamento non aggressivo rispetto ad altre conspecifiche. Ma se membri di una colonia di *F. sanguinea* con solo operaie entrano in contatto con *F. sanguinea* con nidi misti ad altre *Formica sp.*, l'incontro sarà di tipo aggressivo. Probabilmente gli odori in quel caso cambiano;
- questa specie a volte viene scelta come ospite da alcune formiche parassite in fondazione del gruppo *rufa*, rendendo così evidente la potenza di quest'ultimo gruppo;
- in arene con materiale trasportabile o mobile, le operaie tenderanno a creare piccoli monticelli all'entrata del nido; è questo un aspetto da tenere in considerazione quando lo si predispone.

Lasius emarginatus

Regina *Lasius emarginatus* al centro e operaie su pupe ancora in provetta di fondazione.

Areale di distribuzione: Italia.

Nome scientifico: *Lasius emarginatus*

Ginia: monoginica.

Regina: 8-9 mm.

Colore regina: marrone quasi nero, con torace rossiccio.

Operaie: 3-5 mm – caste non presenti.

Colore operaie: addome e capo scuri, quasi neri; torace rossiccio.

Alimentazione naturale: melata e invertebrati.

Alimentazione artificiale: acqua e zucchero, camole, lepidotteri, frutta dolce, insetti (vivi e morti, di preferenza piccoli e medi).

Umidità: fornire un gradiente con parte asciutta e parte umida. Resistono bene al secco.

Temperatura: 20-30 °C.

Ibernazione: consigliata.

Periodo di sciamatura: di solito agosto.

Tipo di fondazione: claustrale.

Formicai in natura: specie molto adattabile, in grado di sfruttare molteplici tipi di ambienti. Colonizza case, balconi e, nei boschi, è facile trovarne enormi colonie sotto le cortecce o in tronchi di alberi morti. Si trova soprattutto nei boschi di latifoglie ed è attiva anche di notte. Si tratta di una specie molto aggressiva anche con altre specie. Ho visto distruggere in pochi minuti medie colonie di *Formica sp.*
È protagonista di epiche guerre con conspecifiche di altri nidi.

Formicai artificiali: gesso, gasbeton, sabbia e terra.

Difficoltà: semplice. Se ben nutrita lo sviluppo è molto rapido. Si può arrivare all'ibernazione del primo anno con già decine di operaie.

Descrizione:
Abbastanza combattive, difficilmente ci permetteranno di ripulire l'arena senza avventarsi sui nostri strumenti. Se ben nutrite, tendono a rimanere rintanate, senza muoversi.

Differentemente delle loro cugine *Lasius niger*, tendenti a sovralimentarsi, solo alcune si rimpinzano, mentre molte rimangono con l'addome di dimensione normale. Se restano senza acqua o senza cibo, sono in grado di scalare gli strati di antifuga.

Sono formiche da tenere sempre ben nutrite e abbeverate.

In cattività possono vivere in quasi tutti i materiali.

Si tratta di una specie piuttosto determinata: se decide di scavare il legno non vi è nulla da fare, se non prevedere sistemi di antifuga e contenimento. La soluzione migliore dovrebbe essere l'utilizzo del KERAQUICK con nido verticale e possibilmente color terracotta chiaro.

Curiosità:
- sembra nutrire un odio viscerale nei confronti della grossa *Camponotus vagus*. In caso di fuga, è possibile avvistare operaie di questa specie mentre si introducono nelle arene delle *Camponotus vagus*;
- sono molto territoriali e, nel loro ambiente, tendono a volere il dominio completo. Molto efficienti nei combattimenti contro il genere *Formica*;
- sconsigliate come "ausiliarie" per aiutare la fondazione di regine di altri *Lasius* parassiti, eccetto *Lasius meridionalis*;
- facile trovarle come coinquiline nelle case, soprattutto se ci sono travi in legno da poter usare come nido. Di solito le loro invasioni sono temporanee e specifiche di un determinato periodo dell'anno.
- Esperienza personale: spesso invadono solo la cucina, andando a nutrirsi nel recipiente dell'umido e ad abbeverarsi nel lavandino. Non disdegnano lo zucchero.

Lasius fuliginosus

Regina di *Lasius fuliginosus* nella sala "reale", circondata da ancelle e uova. La foto, anche se poco chiara, mostra un atteggiamento tipico di questa specie: la regina chiede il cibo impennandosi, l'operaia l'abbraccia per poterla nutrire. Si nota l'addome dilatato, che non è comunque al suo massimo.

Areale di distribuzione: Italia.

Nome scientifico: *Lasius (Dendrolasius) fuliginosus*

Ginia: monoginica/poliginica in colonie molto grandi.

Regina: 7-8 mm.

Colore regina: nero lucido con zampe giallastre.

Operaie: 3-5 mm – caste non presenti.

Colore operaie: nero lucido con zampe giallastre.

Alimentazione naturale: melata e invertebrati.

Alimentazione artificiale: acqua e zucchero, camole, lepidotteri, frutta dolce, alcune crocchette e alcuni cibi in crema per gatti, insetti preferibilmente piccoli e medi. A differenza di altri *Lasius*, ha una forte tendenza a trasportare anche piccoli invertebrati.
È abbastanza pulita nel nido, che l'utilizzo di dieta Bhatkar o dieta Cardillo potrebbe contribuire a mantenere tale.

Umidità: preferibile offrire una vasta scelta.

Temperatura: 20-27 °C, anche costante.

Ibernazione: consigliata ma non necessaria.

Periodo di sciamatura: maggio/settembre.
Ogni formicaio può produrre un numero costante di alati per l'intero periodo, con sciamature giornaliere.

Tipo di fondazione: parassitaria. La specie oggetto predestinata sembra essere *Lasius Chthonolasius umbratus*. Si tratta quindi di parassita di altre parassite. In realtà riesce a utilizzare molto bene *Lasius niger* o addirittura *Lasius fuliginosus*.

Dopo aver avvistato un grosso nido vicino a casa, che sicuramente ha più di 22 anni, posso azzardare l'ipotesi che in caso di colonia *L. fuliginosus* orfana o con regina indebolita, le regine potrebbero tentare di espugnarla.

In cattività, sarebbe meglio che la regina avesse a disposizione almeno 40 operaie, meglio se fornite in bozzoli pronti e possibilmente con qualche larva. Le regine sono abbastanza delicate, hanno poche scorte di energia e, se per qualche motivo ne hanno usate troppe, si trovano in una situazione critica.

Con questa specie ho fatto vari tentativi di fondazione con risultati alterni. Devo ammettere di essere stato anche parecchio sfortunato perché, anche se può sembrare impossibile, per anni non sono riuscito a procurarmi regine fecondate in tempi utili. Di seguito il resoconto di alcuni miei tentativi.

TENTATIVO 1

Tentativo con una grossa colonia di *Lasius niger* (?) trovata in pieno inverno dentro la mia legna da ardere.

Inizialmente mi sentii in colpa per quella povera regina deposta in arena, catturata dalle operaie e portata nel grosso formicaio (un blocco di gasbeton da 60x25 cm colmo di formiche). Di tanto in tanto si liberava per poi scappare nelle varie stanze. Infine, riuscì a imporsi ed essere accettata e coccolata, come si può vedere nell'immagine sottostante.

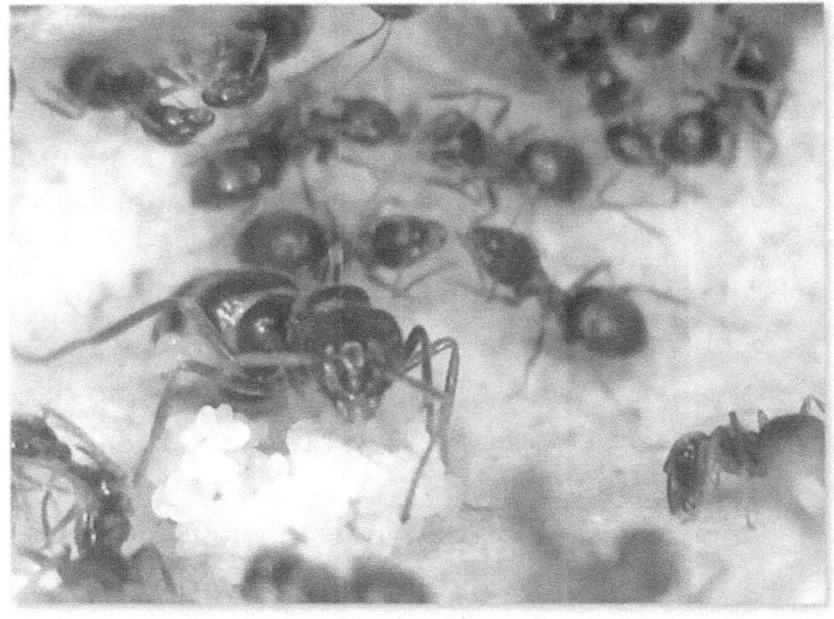

Regina di *Lasius fuliginosus* circondata da operaie di *Lasius niger* (?)

Probabilmente non vi era la piena compatibilità con questa specie di *Lasius*. Infatti, dopo un secondo trasferimento dal blocco di gasbeton in un terrario con nido in gasbeton (umidificabile e isolato) e annessa arena in gesso, avvenne una cosa strana. Il trasferimento fu abbastanza lungo e una parte delle operaie rimase attorno alla regina, mentre un'altra parte si trasferì con alcune larve nel nuovo nido-terrario. Alcune operaie condussero nel nuovo nido la regina, che però venne bloccata da altre operaie che già lo abitavano: la immobilizzarono poco dopo l'ingresso, trattenendola per tutte e sei le zampe. A quel punto, pensai che si fosse indebolita e che, probabilmente, gonfia com'era, non sarebbe riuscita a sopravvivere a questa prova. Invece dopo qualche tempo la ritrovai in una stanza piena di uova, circondata e accudita amorevolmente dalle operaie. Sebbene la regina producesse tantissime uova e tante larve venissero portate fino allo stato di pupe, questa colonia non vide mai una sola operaia di *Lasius fuliginosus*.

Dopo due anni, le operaie iniziarono a morire. Decisi così di tentare la sorte: dopo aver recuperato con grandi difficoltà la regina, la lasciai con qualche operaia della vecchia guardia, solo per alimentarla, per poi fornirle pupe di *L. fuliginosus*, così da allontanare le poche operaie di *Lasius niger* (?) dopo le prime nascite. La mia intenzione era dare a questa regina l'opportunità di veder crescere le proprie figlie. Purtroppo, poco dopo il cambio della guardia, quando ormai aveva solo *L. fuliginosus* al suo servizio e tutte le sue larve, la trovai morta. Non saprei spiegarmi il perché: probabilmente per il troppo stress subito.

TENTATIVO 2

A pochi passi di distanza, trovai ben tre regine dealate di *Lasius fuliginosus*, a circa tre metri dalla colonia madre. Fu quella l'occasione per tentare una nuova fondazione.

Una regina la regalai a un amico, che ne era alla ricerca da tempo. Le altre due le tenni per una prova di fondazione in purezza con operaie di *Lasius fuliginosus* provenienti dal vecchio nido vicino a casa.

Avevo intenzione di procurarmi, dal nido nel castagno, alcune operaie: almeno un centinaio da suddividere tra le due regine.

Recatomi sul posto, vidi che parte del tronco era stato tagliato e rimaneva a vista un buco cavo, con legno marcio e segatura. Seguii una colonna di formiche con l'intento di prelevarle non appena si fossero arrampicate su qualche ramo. Dietro alcune frasche trovai invece un pezzo di tronco, di circa 30x70 cm, nel quale erano ancora presenti larve, operaie e alcuni alati. Scossi quel pezzo marcio del vecchio castagno in un sacchetto di plastica trasparente, acquisendo istantaneamente circa 500 operaie, con piccole larve e pupe. Una volta a casa, versai il contenuto del sacchetto in un'arena collegata a un nido in gasbeton. Dopo qualche ora, iniziai a prelevare alcune operaie e le infilai nella provetta contenente una delle regine rimaste.

Il prelievo avvenne tramite un tubetto in plastica trasparente collegato all'arena. Le operaie venivano aggiunte una a una e quasi ignorarono la regina (REGINA_1), continuando a cercare un'uscita. Raggiunto il numero di 5 operaie interruppi l'immissione. REGINA_1 cominciò a cercare il contatto con le operaie, fino a che queste non l'accettarono, iniziando a nutrirla. Da quel momento, REGINA_1 ebbe sempre delle operaie che la accudivano.

Aggiunsi ancora altre operaie, fino ad arrivare a poco meno di 20. Per aumentare il senso di nido, aggiunsi anche le uova e le pupe della regina deceduta. Le cose andarono da subito molto bene e la mini colonia iniziò a prendere forma. Visto il buon risultato ottenuto con REGINA_1, decisi di tentarla grossa, collegando la provetta di REGINA_2 all'arena della "colonia di controllo". REGINA_2 attraversò il lungo tubetto, pieno di operaie, dirigendosi verso l'arena. Il comportamento delle operaie incontrate lungo il percorso era identico a quello riscontrato in precedenza, ma lei continuava a spostarsi verso l'arena. Io ero pronto a chiudere il tubetto in qualsiasi momento. Tutto sembrava sotto controllo per REGINA_2.

Va detto che in arena vi erano pezzi di legno marcio, nel quale erano ancora nascoste molte larve e pupe. Tutto andò bene fino a quando vidi che la regina era sbucata in arena, dirigendosi verso il basso. Fu allora che, tra i pezzi di legno scuro e la miriade di operaie che vagava, la persi di vista. Seppur dubbioso, mi misi il cuore in pace: se non l'avevano attaccata fino a quel momento, probabilmente l'avrebbero accettata come successo a REGINA_1. Il giorno successivo, tuttavia, potei decretare l'insuccesso dell'operazione compiuta con REGINA_2: un'operaia la trasportava in giro per l'arena, morta.

La domanda che sorge spontanea è: perché? Una possibile risposta è: perché una regina parassita per poter "convincere" e assoggettare delle operaie necessita di poter sfoggiare i suoi poteri chimici al massimo. Se i suoi ferormoni vengono dispersi in ambienti troppo grandi, l'efficacia si riduce. Più si trova in un ambiente ristretto e concentrato e maggiore è l'efficacia delle sue armi. Per averne un'idea più chiara, basti pensare alle donne che si mettono litri di profumo. Se le incontriamo in corridoio sentiamo solo la scia del profumo, ma se restiamo con loro in un ambiente chiuso, ad esempio in ascensore, la cosa potrebbe trasformarsi in vero fastidio.

Quello appena affrontato è l'aspetto dal punto di vista chimico. Un altro motivo, a mio parere, potrebbe essere che una regina, in uno spazio angusto, può facilmente fronteggiare le poche formiche che riescono a raggiungerla, mentre in uno spazio più grande, le sue possibilità di difendersi diminuiscono. Allo stesso tempo, però, vorrei fare notare come la regina di *L. fuliginosus*, liberata direttamente in un'arena di *L. niger*, dopo essere stata catturata e portata nel nido, alla fine è stata accettata, nonostante i pesanti assalti subiti. Anche in questo caso, essendo stata trasportata nel nido, vale la precedente riflessione relativa allo spazio angusto.

Forse per REGINA_2 il problema è stato che le operaie hanno "riconosciuto" come nido anche la porzione di substrato in arena; quindi, portandola in un luogo aperto, lei non ha potuto difendersi. O, semplicemente, non era abbastanza abile.

Fortunatamente, dopo qualche tempo, REGINA_1 iniziò a dilatarsi e a deporre. Ricorrendo a quelli che potrei definire "effetti speciali", riuscii a recuperare altri bozzoli dall'arena della colonia di controllo. Sebbene molti di questi fossero di maschi, la piccola colonia crebbe e, al risveglio dopo il letargo, tutto procedette bene. Vennero alla luce operaie di prima generazione, davvero piccole – forse figlie della regina adottata dai *Lasius niger* (?) –, seguite da operaie di seconda generazione, intermedie e quasi della massima dimensione.

Tentativo 3

Un amico avanzò la richiesta di un'altra regina di *L. fuliginosus*. Una volta trovata, mi venne chiesto di metterla con operaie di *Lasius emarginatus*.

Nonostante l'innegabile successo ottenuto con la regina di un'altra parassita come il *Lasius meridionalis*, non ero molto convinto di questo abbinamento.

L'adozione da parte di un manipolo di 5 o 6 operaie fu piuttosto curiosa e insolita. Introdotte le operaie una a una in provetta mi resi conto che alcune tendevano a evitare semplicemente la regina, mentre altre l'avevano accettata di buon grado. Aggiunti i bozzoli di *L. emarginatus*, anche questi vennero separati in due gruppi. Ci volle un po' di tempo prima che tutte le formiche stessero vicino alla regina, nella parte oscurata della provetta. Ma, infine, questo strano comportamento sembrava essere completamente scomparso. Non avevo mai assistito a una cosa simile: di solito le regine vengono subito accettate oppure no.

Questa colonia, poi, mi rimase in carico. Decisi quindi di accertarmi che i *Lasius emarginatus* fornissero supporto alle eventuali figlie della *L. fuliginosus*. Insieme ai bozzoli di *L. emarginatus* fornii qualche bozzolo di *L. fuliginosus*. Alla schiusa, le operaie trattarono le nuove nate delle due specie allo stesso modo, senza nessun accenno di bullismo o atti peggiori. La colonia, ancora in provetta, venne collegata al futuro nido. La regina sembrava pronta per un'imminente deposizione e chiedeva continuamente cibo. L'unica cosa che mi lasciava perplesso era il fatto che le *L. emarginatus* sembrava facessero una colonia a parte. Vedevo esserci poco collante, ma per il resto andava piuttosto bene. Dopo la grossa deposizione di circa una cinquantina di uova, accudite soprattutto dalle poche *L. fuliginosus* presenti, trovai la regina morta.

Questo triste epilogo potrebbe confermare come le *Lasius emarginatus* siano una specie piuttosto ostica, caratteristica che sicuramente è alla base del loro successo in natura. Potrei tuttavia anche sbagliarmi, se si considera che, fino a quel momento, non avevano mai fatto nulla alla regina.

Tentativo 4

Un altro tentativo venne effettuato utilizzando adulti di *Lasius Chthonolasius umbratus*. Mentre con il *Lasius meridionalis* l'adozione si dimostrò da subito molto problematica, con attacchi furiosi delle 2 o 3 operaie immesse con la regina, con questo altro *Chthonolasius* le cose andarono in modo molto differente. La regina venne per lo più ignorata (pare abbia una specie di sistema di mascheramento). Le operaie, immesse una a una, la ignorarono e per lo più la toccarono appena, senza però spaventarsi.

L'immissione delle operaie con questo sistema graduale pare non comportare particolari difficoltà. L'ideale è usare una provetta collegata all'esterno con un tubetto di plastica facilmente comprimibile (io, ad esempio, ho usato il tubo per la flebo) così da consentire il solo ingresso delle operaie.

Una volta raggiunto il numero di trenta o quaranta operaie si può completare l'operazione.

Attenzione: se le operaie fluiscono liberamente, ad esempio in arena o con un tubetto troppo grande, potrebbero attaccare la regina e ucciderla.

La chiave del successo per queste adozioni forzate sembra essere la seguente: ambiente stretto; operaie presenti in provetta già convertite, che aumentano il potere della regina convincendo le nuove venute; tempistiche che devono rispettare questo flusso.

Un altro aspetto importantissimo è il tipo di operaia da schiavizzare.

Regina di *Lasius fuliginosus (nera)* e adulti di *L. umbratus*.

Formicai in natura: nel legno, anche di piante vive – sebbene utilizzino solo la parte morta – e, a volte, piccoli distaccamenti nel terreno. La parte centrale del tronco cavo viene riempita con una sorta di struttura reticolata in legno trattato, in modo da sembrare cartone. È facile trovarla in platani, castagni, salici e faggi.

Formicai artificiali: gesso, gasbeton, legno (accettando il rischio), sabbia e terra.

Difficoltà: media. Richiede tranquillità. La colonia potrebbe raggiungere un notevole numero di individui.

Lasius fuliginosus in raccolta di melata su ciliegio.

Descrizione: Formica molto particolare, piuttosto tozza e con grossa testa a forma di cuore. Se disturbata, emette acido formico dal classico odore di limone, ottimo rimedio per sfuggire alle zanzare. Molto laboriosa e abbastanza combattiva. Sembra abbia bisogno di muoversi continuamente e, soprattutto, di formare file brulicanti.

In un caso, ho dovuto tenere la mia colonia di controllo orfana all'aria aperta. Per farlo ho confinato l'arena in un recipiente d'acqua, ponendola sopra un mattone che fungeva da isola, così che gli alati potessero prendere il volo. Le operaie si sono portate alla base dell'arena, dalla parte esterna, inizialmente solo per bere. Poi hanno iniziato a girarci intorno. Via via che una formica entrava in quest'area, andava ad aggiungersi alle altre. Alla fine si era creato un anello di formiche che giravano senza meta, fino allo sfinimento. Ho dovuto inserire degli ostacoli chimici (antifuga) per aumentare l'altezza dell'acqua e risolvere il problema.

L'acqua da bere non deve mai mancare, anche se il nido è umidificato. Come nel caso di molte altre formiche, ci sono motivi precisi se sono in troppe a vagare per l'arena:

1) il cibo non è sufficiente o non è del tipo giusto;
2) non c'è acqua;
3) serve zucchero;
4) problemi nel nido: troppo secco; troppo umido; è diventato inospitale per qualche

ragione; troppo caldo; non c'è la regina o è morta.

Diversamente, soprattutto se c'è prole, le operaie tendono a coccolare la covata e la regina. Hanno un modo un po' particolare di fare trofallassi, soprattutto le regine: agitano in modo molto rapido le antenne e le zampe anteriori, specialmente nella fase iniziale dell'incontro.

Attenzione: in fase di colonia mista, in caso di attacchi o disturbi, si possono innescare comportamenti di fraintendimento con conseguente attacco delle operaie figlie della regina nei confronti delle operaie schiavizzate.

Allevamento:
Personalmente ho un debole per questa specie. Per anni ho fatto visita alla numerosissima colonia situata nel bosco vicino a casa. Se non ricordo male, la colonia era fiorente già dal 1992.
Nei confronti di questo *Lasius* ho sempre avuto un timore reverenziale, soprattutto perché ero consapevole della dimensione che poteva raggiungere la colonia.
A quei tempi non ero a conoscenza dei sistemi per il corretto allevamento di questa specie pa-

rassita. Ora, invece, le allevo con grande soddisfazione, nonostante le mie colonie siano, fortunatamente, ancora piccoline. Sono formiche molto semplici, ma alle quali non bisogna mai far mancare acqua e melata (acqua con aggiunta di zucchero di canna o miele).

Tendono a essere un po' nervose e dovrebbero essere tenute in ambiente tranquillo. La luce improvvisa le disturba molto, perciò, per osservarle in tranquillità, è bene lasciarle sempre alla luce o avvicinare la lampada gradualmente.

Attenzione: se disturbate, tendono a difendersi con l'acido formico, che in ambienti artificiali, come provette, tubi in plastica e formicai poco areati, può provocare la morte di molte formiche.

Quando la colonia cresce, potrebbe essere una buona idea collegare il nido a una arena lontana, facendo percorrere alle formiche parecchio spazio, magari in tubetti dal diametro di 1cm.

Curiosità:
- in estate, se sono all'aperto e trovo una colonia di questa specie, infastidisco le formiche, facendole arrampicare sulle mani. Poi spalmo sul corpo l'acido che producono e

    che ha il profumo del limone, per proteggermi dalle punture di zanzara;
- all'interno del tronco cavo scelto come nido, costruiscono una struttura in cartone molto fragile e molto particolare, simile a quello che realizza il *Lasius umbratus*.

Lasius niger

Regina in provetta, prima della deposizione.

Areale di distribuzione: Italia.

Nome scientifico: *Lasius niger*

Ginia: monoginica.

Regina: 8-9 mm.

Colore regina: nero con riflessi argentati.

Operaie: 3-5 mm – caste non presenti.

Colore operaie: nero / marrone scuro.

Alimentazione naturale: melata e invertebrati.

Alimentazione artificiale: acqua e zucchero, camole, lepidotteri, frutta dolce. Problemi con le camole, a volte vengono preferite blatte ma soprattutto ditteri in genere. Dieta Bhatkar o dieta Cardillo.

Umidità: fornire un gradiente con parte asciutta e parte umida.

Temperatura: 20-27 °C, anche costante.

Ibernazione: non necessaria.

Periodo di sciamatura: maggio/settembre.

Tipo di fondazione: claustrale; a volte in collaborazione con altre regine, anche se, alla fine, ne rimarrà una sola.

Formicai in natura: solitamente nel terreno e, dove è possibile, sotto i sassi che scaldandosi al sole aumentano la temperatura del formicaio.

Formicai artificiali: gesso, gasbeton, sabbia e terra.

Difficoltà: abbastanza semplice, sebbene la fase di fondazione sia delicata. I problemi si manifestano poi nella colonia matura, in quanto le operaie iniziano a impazzire se non hanno a diposizione cibo e acqua a sufficienza, a volte scavando il gasbeton o il gesso per aprirsi il varco verso nuove aree.

Descrizione:
Molto laboriosa e abbastanza combattiva, può risultare difficile effettuare interventi di manutenzione in arena senza essere attaccati. Molto paurosa in fase di fondazione.

Formica molto organizzata, specializzata nell'uso di tracce odorose per portare a termine vari compiti. Non sembra basarsi molto sulla vista. In pochissimo tempo può trasferirsi, raggiungere il cibo, raggiungere l'acqua o fuggire dal formicaio, il tutto in modo molto organizzato.

Bisogna prestare attenzione poiché è abbastanza piccola. Può forare il formicaio in gasbeton o gesso. Meno aggressiva della cugina *L. emarginatus*, adatta quindi anche per fare da balia a formiche *Lasius* parassite.

Amante della melata, tende ad allevare e proteggere colonie di afidi o cocciniglie. Può essere fastidiosa in coltivazioni di piante, poiché tende a radunare e proteggere gli afidi, difendendoli in parte dai predatori naturali. Tuttavia, permette anche di radunare gli afidi in punti precisi, facilmente raggiungibili da uccelli insettivori e dalle coccinelle adulte, che grazie alle loro corazze sono in grado di mangiarli comodamente e senza danno.

Allevamento: facile. Si adatta facilmente.

Curiosità:
- talvolta crea rifugi in terriccio per proteggere gli afidi;
- se ha a disposizione tappini con acqua e cotone idrofilo tende a lavorare il cotone e creare vere e proprie opere d'arte;
- molto rapida nella crescita.

Lasius meridionalis (gruppo *Chthonolasius*)

Regina di *L. meridionalis* con spaventosa prima covata in fase di fondazione con operaie di *L. emarginatus*.

Areale di distribuzione: Italia.

Nome scientifico: *Lasius (Chthonolasius) meridionalis*

Ginia: monoginica.

Regina: 8-9 mm.

Colore regina: marrone, più o meno chiaro.

Operaie: 3-5 mm – caste non presenti.

Colore operaie: giallo / arancione.

Alimentazione naturale: melata e invertebrati.

Alimentazione artificiale: acqua e zucchero, camole, lepidotteri, frutta dolce, crocchette per gatti, insetti morti (di preferenza piccoli e medi), oppure dieta Bhatkar o dieta Cardillo. Ghiotta anche di uovo sodo.

Umidità: fornire un gradiente con parte asciutta e parte umida.

Temperatura: 20-27 °C, anche costante.

Ibernazione: consigliata, trattandosi di specie di media montagna.

Periodo di sciamatura: di solito agosto.

Tipo di fondazione: parassitaria.

La specie oggetto di interesse è il *Lasius emarginatus*. Molte regine provano a fondare nella stessa colonia; probabili casi di poliginicità. Sono state trovate contemporaneamente più regine di questo gruppo all'interno di singoli e grossi formicai di *Lasius* sp.

Grazie alla predilezione per le *Lasius emarginatus*, la colonia cresce bene e viene alimentata senza problemi. Il metodo migliore per creare una nuova colonia è far adottare la regina da un piccolo manipolo di operaie, con almeno una trentina di pupe, meglio se un centinaio.

Prima dell'incontro, le operaie di *Lasius emarginatus*, meglio se giovanissime, vanno tenute per qualche tempo in una provetta con tutte le pupe disponibili (altre pupe possono essere aggiunte anche in un secondo tempo), così che si tranquillizzino e si sentano al sicuro, con l'attenzione rivolta alla prole. Introdurre la regina, senza che questa sia terrorizzata, accoppiando le due provette.

La regina è in grado di sopravvivere pochi giorni senza essere nutrita, perciò conviene fornire pupe pronte a schiudersi. Lei stessa parteciperà attivamente all'apertura dei bozzoli e alla cura di eventuali larve. Se la provetta nido è abbastanza stretta, presto la regina sarà accettata dalle operaie grazie alle sue armi chimiche di seduzione. Dopo qualche giorno, aprire la provetta in arena e fornire zucchero di canna inumidito e acqua. La regina, quando saranno raggiunte almeno 30 operaie e se regolarmente nutrita, inizierà a deporre e lo farà in modo massiccio; bisognerà pertanto iniziare anche a fornire proteine. In questa fase è importante somministrare una grande quantità di cibo proteico così da far sviluppare tutte le larve.

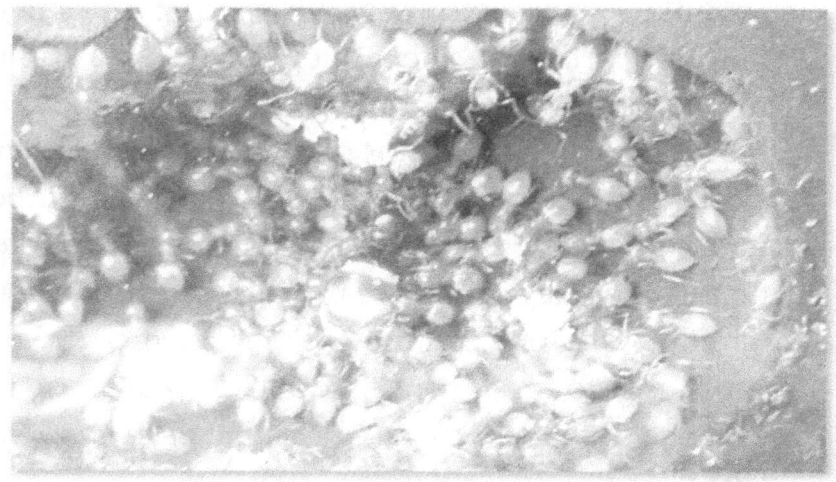

Regina di cui si vede solo l'addome, con ancelle e uova.

Formicai in natura: creano formicai, preferibilmente in tronchi nella terra. Spesso usano sassi e legni depositati sul suolo e riscaldati dal sole per tenervi sotto le pupe che richiedono più calore e umidità minore.

Formicai artificiali: gesso, gasbeton, sabbia e terra.

Difficoltà: abbastanza semplice, sebbene la fase di fondazione sia delicata.

Descrizione:
Molto laboriose e abbastanza combattive, difficilmente permetteranno di ripulire l'arena senza avventarsi sugli strumenti di lavoro. In genere non trasportano il cibo proteico, ma lo consumano sul posto, sfruttando lo sviluppatissimo stomaco sociale. Questo favorisce la pulizia all'interno del formicaio. Le operaie, con il tempo, tendono a raccogliere materiale come carta, cotone idrofilo o legno per creare delle strutture scure (simili al cartone) all'interno del formicaio. Fortunatamente, in genere tendono a creare ripiani, sebbene a volte possa accadere che oscurino i vetri.

Attenzione: in fase di colonia mista, in caso di attacchi o disturbi, si possono innescare comportamenti di fraintendimento con conseguente attacco delle operaie figlie della regina nei confronti delle operaie schiavizzate.

Lasius niger (scura) tra operaie di *Lasius meridionalis*.

Allevamento:

<u>Primo anno</u>

L'allevamento delle larve occuperà gran parte del tempo, sebbene difficilmente si vedranno le prime operaie, a meno che il formicaio non venga riscaldato (sconsigliato). Verso ottobre la colonia va posizionata in un luogo freddo per affrontare l'inverno. Porre attenzione all'umidificazione, che non deve essere eccessiva.

Se possibile evitare l'esposizione a temperature sotto lo zero.

<u>Secondo anno</u>

Al risveglio, in primavera, le attività diverranno frenetiche portando allo sviluppo contemporaneo delle larve in pupe e, infine, alle prime nascite.
Questo è un periodo cruciale, nel quale l'allevatore dovrà riuscire a fornire il cibo proteico gradito alle *Lasius emarginatus*. Riprenderanno le deposizioni e la regina avrà l'addome visibilmente dilatato. Dopo qualche tempo nasceranno le prime operaie, regolarmente trattenute e disturbate delle operaie di *L. emarginatus*. Questo comportamento si modificherà presto, poiché l'avere un gran numero di larve che richiedono continue attenzioni porta a distrarre molto le operaie di *L. emarginatus*, che permetteranno alla maggior parte delle neosfarfallate di sopravvivere senza problemi.
Le nuove nate non si vedranno mai in arena nei primi 10-15 giorni, per poi iniziare ad avventurarsi in cerca di cibo, spinte dalle necessità della colonia.
Le *L. emarginatus*, con l'aumentare del numero delle operaie di *L. meridionalis*, sembrano abituarsi e non vi saranno più atti di bullismo. Le *L. emarginatus* tenderanno a raggrupparsi in zone specifiche del formicaio e saranno le principali

foraggiatrici. Con il passare del tempo, il numero delle operaie scure tenderà a diminuire, sebbene non abbia mai assistito ad atti di aggressione.

Al termine del secondo anno, la colonia sarà numerosissima e, probabilmente, nel terzo anno si potrebbero avere già degli alati.

Dal secondo anno in poi
Contrariamente a quanto si legge, sono formiche facili da allevare e alimentare. Amano frutta come anguria e banane, e mangiano di tutto, anche le crocchette per gatti. Se costantemente illuminate, si adattano perfettamente alla luce. Possono rifiutarsi di fare alcuni percorsi per raggiungere l'arena, ad esempio se fossero troppo verticali.

Nella mia esperienza, per portarle in arena ho dovuto usare un tubetto di plastica posizionato a metà del formicaio.

Tendono a rimanere molto compatte.

In cattività possono vivere in quasi tutti i materiali. Si tratta di una specie piuttosto determinata: se decide di scavare c'è poco da fare. Prevedere sistemi di antifuga e contenimento in caso di gesso o gasbeton. La soluzione migliore dovrebbe essere l'utilizzo del KERAQUICK con nido verticale, possibilmente di colore scuro.

Giovanissime operaie stipate tra le pupe.

Curiosità:
- le operaie di *Lasius emarginatus* sembrano rivolgere maggiore attenzione alla regina di *L. meridionalis* rispetto alle regine della stessa specie;
- il secondo anno, la colonia di *L. meridionalis* se confrontata con una colonia di *L. emarginatus* della stessa età, risulta essere almeno due volte più numerosa;
- alle prime schiuse di operaie di *L. meridionalis* si assiste a una serie di atti di bullismo da

parte delle operaie di *L. emarginatus*, che tendono a bloccare e tirare le nuove nate. Questo comportamento si interrompe quando il numero di operaie di *L. meridionalis* supera quello delle *L. emarginatus*. Perché questo accada, è importante che, nelle prime fasi, la colonia venga nutrita adeguatamente per far portare avanti tutte le uova della regina.

- le operaie di *L. meridionalis* tendono a non scavalcare e, controvoglia, risalgono eventuali tubi in plastica per raggiungere l'arena;
- le operaie di questa specie tendono a lavorare il cotone idrofilo utilizzato come tappo delle provette o presente nel recipiente dell'acqua, creando strutture simili ai formicai in cartone che si vedono in natura. Se, da una parte, è bellissimo vedere queste opere d'arte, dall'altra ci costringe, di tanto in tanto, a risistemare il cotone e le provette.
- nel caso di colonia mista *Lasius niger* / *Lasius meridionalis* le schiave hanno vissuto dentro il nido per almeno due anni senza nessun problema, mentre la colonia con *L. meridionalis* e *Lasius emarginatus* è rimasta senza

schiave non appena le operaie di *L. meridionalis* hanno raggiunto la capacità operativa e superato di numero le vecchie schiave.

Manica rubida

Areale di distribuzione: Italia del nord

Nome scientifico: *Manica rubida*

Ginia: Poliginica.

Regina: 9 - 11 mm

Colore regina: Marrone rossiccio / Rosso sangue.

Operaie: 7-10 mm dimensioni molto varie.

Colore operaie: Rosse, giallastre le giovanissime.

Alimentazione naturale: Melata e insetti.

Alimentazione artificiale: Difficile prevederne i gusti. In fase di fondazione gradiscono ragni della specie *Pholcus phalangioides* che la regina porta subito sulle larve. In alcuni casi gradiscono anche mosche o drosofile. Nella fase di fondazione sono molto schizzinose. Una volta che la colonia comincia a contare qualche decina di operaie si possono nutrire di tutti gli insetti, di solito con preferenza verso i grilli. Come zuccheri fornire miele, di solito sempre gradito.

Umidità: alta

Temperatura: 26-30°C con sbalzi verso il basso notturni. Sopportano bene alte temperature per alcuni periodi, soprattutto nella fase centrale dell'estate.

Ibernazione: necessaria.

Formicai in natura: Sotto pietre scaldate dal sole e spesso con diramazioni profonde.

Formicai artificiali: Gesso, gasbeton, sabbia e terra. Consigliabile per questi nidi che possano essere immersi costantemente in acqua.

Difficoltà: Abbastanza difficile, forse la più ostica tra quelle trattate qui. Molto delicata in fase di fondazione in quanto la regina necessita cibo tutti i giorni o quasi e la provetta deve essere tenuta pulita. Durante l'allevamento ci potrebbero essere improvvisi stop dovuti nella maggior parte dei casi a alimenti non più graditi. Se il giorno prima le operaie saltano quasi fuori dall'arena per afferrare un grillo, il giorno dopo possono ignorarlo e non portare cibo alla covata. Bisogna avere molta pazienza e provare differenti cibi. Per stimolare la velocità di crescita sarebbe meglio esporle a differenti temperature notte giorno.

Descrizione:
Formiche relativamente calme ma comunque vigili e aggressive. Sono predatrici piuttosto coraggiose che lavorano quasi sempre in solitaria. Non è raro vedere la regina nei primi tempi uscire a foraggiare in arena.

Si tratta comunque di una formica difficile che potrebbe presentare morti improvvise da un momento all'altro. Di solito la più delicata è la regina.

Periodo di sciamatura: Tarda primavera estate, il periodo varia a seconda del luogo delle colonie e della loro esposizione al sole.

Tipo di fondazione: Semi-claustrale

Allevamento:
Una volta trovato il gusto della colonia si tratta di formiche semplici. Bisogna però tener presente che trasportano tutto intero. Per cui gli insetti dovranno essere della taglia giusta per poter entrare nel nido. I corridoi devono essere proporzionati alle prede fornite. Richiedono una costante umidità per potervi tenere le larve piuttosto delicate da quel punto di vista.

Curiosità:

- Le preferenze per il cibo variano molto da colonia a colonia.

- La regina è piuttosto aggressiva e arriva ad attaccarci durante la manutenzione dell'arena.

- Sono presenti due tipi di regine, alcune piuttosto piccole.

- Le dimensioni delle operaie variano molto.
- Il loro morso sembra essere piuttosto doloroso

(io non posso confermarlo, forse non sono mai stato preso bene)

Messor capitatus

Regina in fondazione con le prime larve.

Areale di distribuzione: Italia, nelle zone più calde.

Nome scientifico: *Messor capitatus*

Ginia: monoginica.

Regina: 15-16 mm.

Colore regina: nero lucido.

Operaie: 5-13 mm; dimensioni molto varie, le operaie più grandi svolgono più la funzione di "tritatutto" che di soldati.

Colore operaie: nero lucido.

Alimentazione naturale: semi e insetti.

Alimentazione artificiale: quasi esclusivamente semi, frutta dolce e alcuni insetti. Difficili nei gusti, gradiscono le blatte. Si può provare anche con le camole. A volte mangiano il miele.

Umidità: bassa.

Temperatura: 26-30 °C, anche costante.

Ibernazione: non necessaria.

Periodo di sciamatura: autunno, anche inoltrato in certe zone d'Italia.

Tipo di fondazione: claustrale.

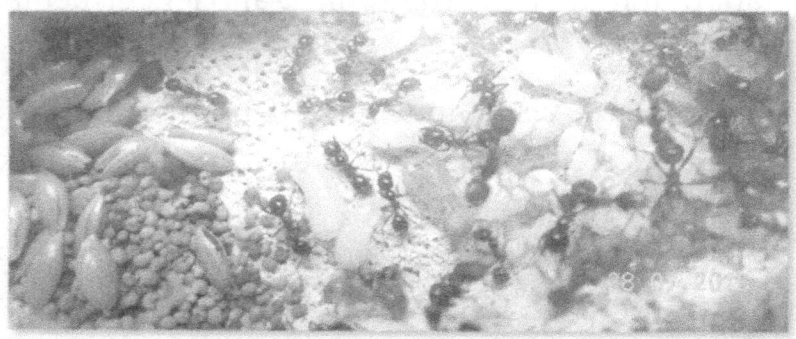

Operaie con covata di larve e pupe di varie misure.

Formicai in natura: profondi e con poche uscite.

Formicai artificiali: gesso, gasbeton, sabbia e terra. Formiche dalle mandibole forti, in grado di scavare i vari materiali. Consigliabili per questo nidi in gesso ceramico.

Difficoltà: abbastanza semplice, sebbene la fase di fondazione sia delicata. Difficile fornire proteine che, una volta presenti, danno subito beneficio alla covata.

Descrizione:
Formiche nervose, si agitano notevolmente in caso di vibrazioni. In fase di accrescimento può capitare che le formiche spaventate escano dalla provetta con uova e larve. Anche la regina è soggetta a questo genere di comportamento. Aumentando di numero, si tranquillizzano leggermente.

Allevamento:
Dal punto di vista alimentare, sono formiche facili da allevare se si riescono a trovare i cibi proteici graditi.
Non temono il secco, ma fornire sempre una fonte d'acqua. Tendono a sporcare in arena.

Una volta avviata, la colonia tende a mutare i gusti e consumare una grande varietà di cibo.
Le prime operaie major si possono avere nelle fasi iniziali di allevamento.

Curiosità:
- Le preferenze, in termini di cibo, variano molto da colonia a colonia.

Messor structor

Regina fecondata, con una sola ala.

Areale di distribuzione: Italia; è la più nordica tra le *Messor*.

Nome scientifico: *Messor structor*

Ginia: poliginica.

Regina: 13-14 mm, abbastanza pelosa.

Colore regina: nero o marrone scuro.

Operaie: 4-12 mm. Le operaie più grosse sono di solito adibite al trituramento, ma anche piuttosto abili nella difesa.

Colore operaie: colore variabile dal bruno al nero, anche rispetto alla dimensione.

Alimentazione naturale: semi e insetti.

Alimentazione artificiale: quasi esclusivamente semi, frutta dolce e alcuni insetti. Molto più semplice nei gusti rispetto alla cugina *M. capitatus*. A volte mangia anche miele.

Umidità: bassa.

Temperatura: 20-27 °C, anche costante.

Ibernazione: non necessaria.

Periodo di sciamatura: maggio/giugno.

Tipo di fondazione: gemmazione. Durante il periodo della sciamatura i maschi volano in altri formicai per accoppiarsi con le regine, che li attendono in superficie. A volte si accoppiano anche con le sorelle del loro stesso nido. Dopo l'accoppiamento, le regine rientrano nel nido madre oppure si allontanano in piccoli gruppi o solitarie, seguite da alcune operaie.

Formicai in natura: profondi, con un maggior numero di uscite rispetto alla *Messor capitatus*; a volte interconnessi tra loro.

Formicai artificiali: gesso, gasbeton, sabbia e terra. Formiche con mandibole forti, in grado di scavare facilmente i vari materiali. Sono perciò consigliabili nidi in gesso ceramico.

Difficoltà: abbastanza semplice; avendo molte regine e già un certo numero di operaie, la colonia si avvia velocemente.

Allevamento:
Si tratta di formiche facili da allevare dal punto di vista alimentare. Non sono nemmeno molto agili nello scavalcare i vari antifuga.

Non temono il secco, ma fornire sempre una fonte d'acqua. Tendono a sporcare abbastanza l'arena.

Talvolta, tutto sembra procedere bene quando poi, improvvisamente, si verificano delle morti, anche di regine. La causa probabilmente risiede in qualche tipo di carenza; variare il più possibile i cibi e, se possibile, fornire semi bio.

Curiosità:
- le regine si possono accoppiare anche in cattività ed è facile fare fondare nuovi nidi.

Myrmica rubra

1 mm

Dall'alto: regina, operaia e maschio. Quando le operaie sono molto giovani sono poco pigmentate. Con il tempo cambieranno tonalità passando dal giallo al rosso.

Areale di distribuzione: Nord, Sud.

Nome scientifico: *Myrmica rubra*

Ginia: poliginica.

Regina: 5-6 mm.

Colore regina: marrone rossastro.

Operaie: 3-5 mm – caste non presenti.

Colore operaie: rosso scuro / arancione.

Alimentazione naturale: melata, invertebrati e carogne varie.

Alimentazione artificiale: acqua e zucchero, camole, lepidotteri, insetti (di preferenza piccoli e medi).

Umidità: media. Fare in modo che ci sia gradiente.

Temperatura: 18-25 °C, anche costante.

Ibernazione: necessaria.

Formicai in natura: in terra, sotto pietre, legni e tronchi.

Formicai artificiali: gesso, gasbeton, sabbia e terra.

Periodo di sciamatura: di solito agosto.

Tipo di fondazione: semiclaustrale. Le regine escono a cercare cibo.

Difficoltà: media; come molte formiche che si adattano a montagna e boschi, patisce caldo e secco.

Descrizione:
Formiche abbastanza calme, se in un certo numero. Tendono a essere maggiormente attive lontano dagli orari centrali della giornata.

Allevamento: facile.
La cosa più importante è tenere presente che queste sono formiche da bosco, quindi amano l'ambiente fresco e umido.
Se non si presta attenzione ai parametri, c'è il rischio di decimazione della colonia nelle giornate torride.

Curiosità:
- tra i morsi più dolorosi;
- a volte, una zona con parecchi formicai di questa specie è in realtà un'unica enorme colonia.

Polyergus rufescens

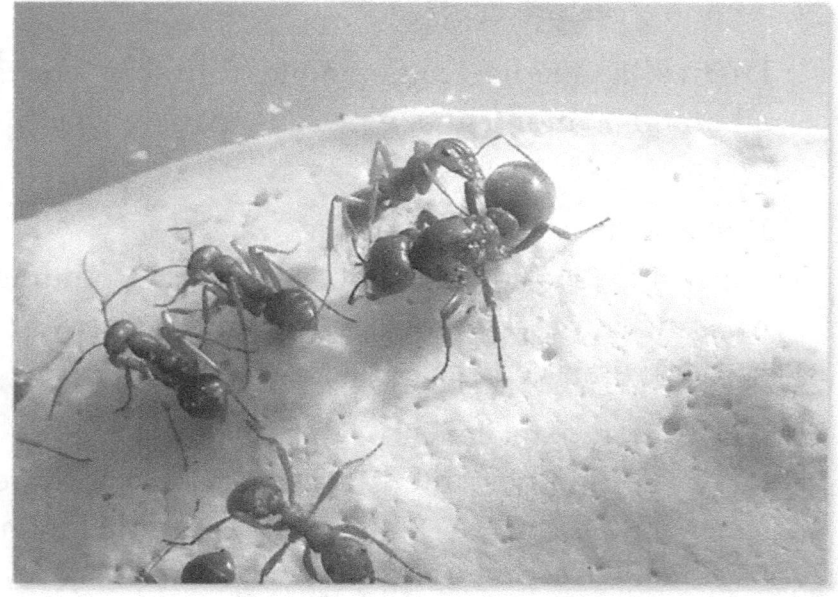

Regina di *Polyergus rufescens* e soldati.

Areale di distribuzione: Italia, escluse le isole.

Nome scientifico: *Polyergus rufescens*

Ginia: monoginica.

Regina: 7-9 mm.

Colore regina: da rosso scuro a rosso arancio.

Operaie: 5-8 mm – solo casta soldato.

Colore operaie: da rosso scuro a rosso-arancio.

Alimentazione naturale: dipendenti dalle schiave.

Alimentazione artificiale: dipendenti dalle schiave.

Umidità: non molto esigente, bisogna tenere presente le necessità delle operaie.

Temperatura: 20-27 °C, anche costante.

Ibernazione: vivamente consigliata.

Periodo di sciamatura: luglio/agosto, nelle ore più calde. La sciamatura precede le sortite delle amazzoni che avverranno qualche ora più tardi.

Vista la particolarità di questa specie, mi dilungherò più che nelle altre schede, con approfondimenti sulla sciamatura e comportamento degli alati.

Le sciamature iniziano verso mezzogiorno, nelle giornate calde e soleggiate, con temperature intorno ai 31°C. Può accadere che i voli nuziali avvengano anche con il cielo coperto (nel 20% circa dei casi), ma ci deve comunque essere una temperatura abbastanza alta.

Gli alati escono dal nido alla spicciolata. Dopo aver vagato agitati sulla superficie del formicaio, i maschi si involano e sembra si raggruppino in piccoli sciami generalmente stabili. Terminati i decolli dei maschi, hanno inizio quelli delle femmine. Normalmente le partenze sono sfasate tra i sessi e anche tra formicaio e formicaio, così da favorire l'incontro tra maschi e femmine di nidi diversi. Le giovani regine hanno comportamenti piuttosto differenziati, dipendenti anche da colonia a colonia.

In un interessante studio del 1994, a cura del Dipartimento di biologia e fisiologia generali dell'Università degli Studi di Parma, sono stati raccolti dati davvero interessanti relativi alla sciamatura. Ad esempio, su un totale di 42 sciamature prese in esame e relative a tre differenti colonie, il 14% è stata solo sciamatura di maschi, il 45% invece di sole femmine e il 41% di maschi e femmine, anche se distanziate di almeno una ventina di minuti.

Dopo qualche ora si verificheranno le incursioni delle soldatesse, che normalmente non sono presenti in superficie durante la sciamatura.

Il comportamento dei maschi è molto simile a tutte le altre specie di *Formica*: fanno timidamente capolino mossi dalla curiosità, per poi salire sugli steli d'erba e mettere alla prova le loro bellissime ali. A tal proposito, ho notato più di un maschio con le ali trofiche, soprattutto in quelli della mia colonia in cattività (3 casi su 15): ciò potrebbe essere causato da qualche problema legato al sistema di allevamento e alle condizioni ambientali.

Le operaie tendono a voler riportare all'interno i maschi, mentre le soldatesse, se presenti, tendono a bloccarli e a leccarli. Non appena i maschi riescono a liberarsi, si allontanano velocemente. Le giovani regine, al contrario, non sono solitamente oggetto di simili attenzioni. Dopo un po' di tempo in assenza dei maschi, le regine escono allo scoperto, comportandosi similmente ai maschi, anche se in modo più conservativo, andando a rintanarsi nel formicaio al minimo spavento. Una parte delle femmine prende regolarmente il volo, solitamente dopo vari tentativi falliti, allontanandosi e salendo parecchio in verticale. Ma non tutte lo fanno: alcune rimangono nei pressi della colonia, attirando a sé i maschi della zona. Ciò può essere osservato facilmente, guardando le mandibole della regina che vengono aperte e chiuse ripetutamente. Di lì a poco, uno o più maschi la raggiungono, accoppiandosi sul terreno per un tempo in media di 49 secondi. Le regine fecondate si tolgono quindi le ali, generalmente entro qualche minuto, ma a volte anche un'ora.

Dopo l'accoppiamento a terra, nei pressi del nido, le regine cercano un posto riparato per nascondersi. Molte, ancora alate, non presenzieranno al volo di sciamatura, uscendo successivamente con le amazzoni per prendere parte attiva ai raid. Nella mia esperienza, ho visto partecipare ai raid solo regine dealate, ma la varietà di comportamento di questa specie è tale da non stupirmi se avvenisse qualcosa di diverso.

Per meglio comprendere quali siano le proporzioni, lo studio indicato in precedenza riporta che 336 femmine hanno preso il volo, 52 si sono accoppiate presso i nidi e 156 hanno partecipato a 32 incursioni delle amazzoni con la media di 5 regine per incursione. Durante le spedizioni, 19 di queste regine si sono accoppiate a terra, in modo molto simile alle cugine nordamericane *Polyergus breviceps*. Il 6,4% delle femmine si è introdotta nelle colonie bersaglio e il 25,6% è ritornata al nido. Alcune di esse sono state viste prendere parte in modo attivo a più raid, riportando al nido il loro bottino.

Le regine prese in esame erano facilmente identificabili, grazie alla presenza di un segno di riconoscimento di colore differente a seconda del giorno di marchiatura. Si è potuto quindi osservare che, una volta dealate, hanno iniziato a seguire il percorso di precedenti incursioni, probabilmente basandosi sulla scia chimica lasciata dalle colonne. Raggiunta una colonia *Polyergus*, non necessariamente la loro natia, hanno vagato insieme ad altre femmine, accoppiatesi a terra vicino alla colonia. Le femmine dealate sono state viste avvicinarsi con cautela al nido, nel tentativo di entrare, ma sono sempre state accolte con ostilità dalle schiave e dai soldati di *Polyergus* residenti. 76 femmine dealate sono state viste prendere parte a 28 incursioni.

Personalmente, ho visto partire, dalla zona sopra il nido madre, le prime tre *Polyergus rufescens* di una colonna, di cui la seconda era una regina. Correndo come una matta ha iniziato a dirigersi verso l'obiettivo. Non ha però fatto molta strada, perché è stata subito improvettata e, a tutt'oggi, vive in uno dei miei formicai, producendo numerosissime figlie. Sembrerebbe quindi che, più che seguire di soppiatto una sortita, le regine, sia alate che dealate, facciano parte a tutti gli effetti della colonna di razziatrici.

Nello studio precedentemente citato, si è visto che il 29% delle regine dealate, una volta arrivato al nido bersaglio, è entrato nella colonia aggredita nel corso di 10 raid e il 35,5% è tornato nei pressi della colonia d'origine della spedizione. Le regine sono state viste rimanere fino a sei giorni nei pressi del nido.

Durante lo stesso raid in un solo formicaio bersaglio, penetra più di una regina, perciò potrebbero esserci casi di poliginia, anche se probabilmente ne rimane solo una, mentre le altre vengono uccise dalle stesse operaie. Normalmente non ci sono mai, almeno per quanto ne sappia, formicai di *P. rufescens* a distanze minori di 50 m tra loro o, se anche ci fossero, non hanno lunga durata, poiché uno dei due prende il sopravvento sull'altro. Sta di fatto che il modo classico di fondare per questa formica amazzone si basi molto sulle sortite delle soldatesse, che se da una parte è un aiuto, dall'altra è una condanna, poiché la futura colonia dovrà competere con il formicaio madre. Per questo motivo sarebbe davvero interessante poter osservare cosa avviene in una colonia *Formica* neoparassitizzata durante un attacco da parte del nido madre di *Polyergus*.

Esperimenti in laboratorio, dimostrano che le giovani regine hanno tutto ciò che serve per trovare la strada da sole, senza il supporto delle soldatesse.

Ho appurato che, con alcune specie di *Formica*, le giovani regine hanno maggiori probabilità di successo rispetto ad altre. Sembra anche che, come le sorelle amazzoni, tendano ad assumere l'odore della specie serva in uso presso la colonia madre e che siano anche orientate a prediligere questa specie. Normalmente le due specie preferite sono la *Formica fusca* e la *Formica cunicularia*, ma ci sono anche colonie che usano *F. cinerea*, *F. rufibarbis* e *F. lemani* (difficile visto gli ambienti differenti). Esperimenti condotti dall'Università di Modena dimostrano inoltre che, su piccole colonie di *Formica cunicularia*, il successo delle regine da sole è quasi sempre garantito (90% dei casi). Le regine sono in grado di entrare e raggiungere la regina della colonia e ucciderla. Dopo l'uccisione vengono totalmente accettate dalle operaie residenti. È stato notato che la regina usurpatrice rimane qualche tempo a contatto con

la regina uccisa, muovendo l'addome in modo caratteristico, probabilmente per assumerne l'odore. Si sono anche osservati i potenti strumenti che usa la regina usurpatrice per creare confusione nel nido, provocando la reazione aggressiva delle operaie contro la loro stessa regina e, a volte, contro le loro stesse sorelle. Si tratta di una strategia comune anche alle *Lasius* parassite che, anzi, sono in questo le migliori maestre.
Nel corso di alcuni esperimenti, sono state immesse nelle arene due giovani regine di *Polyergus rufescens*. Non ci sono mai stati atteggiamenti aggressivi tra esse ma, in tutti i casi, ad avere successo è stata la prima regina a penetrare e a uccidere la regina di *F. cunicularia*. Le seconde sono sempre state eliminate dalle operaie del nido appena conquistato.

Dopo questa fase di successo in fondazione, rimane ancora l'incognita del comportamento delle operaie schiavizzate nei confronti della prole della nuova regina. Potrebbe succedere che le nuove *Polyergus rufescens* vengano uccise poco dopo essere sfarfallate, facendo di fatto fallire la colonia, che si esaurirà lasciando la regina senza supporto. A tal proposito, aggiungo che questi problemi sono del tutto inesistenti in formicai fondati con la collaborazione di alcune amazzoni adulte insieme alle prime *Formica* larve e pupe. Probabilmente, le nuove nate imparano a riconoscere anche le *Polyergus* nella loro forma adulta. Un comportamento che si riscontra in molte formiche schiave di vari generi.

I risultati frutto della mia esperienza mi consentono di affermare che, in colonie con *Polyergus* soldati adulti, le cose siano andate molto meglio rispetto a colonie con la sola regina. A tal proposito, potrebbe non essere un caso che spesso alcune amazzoni rimangano nei nidi saccheggiati.

Tornando alla sciamatura, e quindi al miglior sistema per procurarsi le regine, la tecnica migliore sembra essere quella di assistere alla sciamatura delle femmine e rimanere nei pressi del formicaio.

Personalmente, ho visto regine avvicinarsi al formicaio madre senza ricorrere a particolari accorgimenti per mantenersi nascoste e ciò permette una facile cattura. Ne ho viste altre ancora seguire una colonna disordinatissima che rientrava al formicaio base.

Alcuni testi affermano che le giovani regine decidono di fondare in autonomia, rubano qualche bozzolo durante le incursioni e si rintanano al sicuro, in attesa delle nascite; saranno poi le giovani "prede" a occuparsi di loro. Trovo però questa possibilità molto remota. Altre invadono formicai orfani e se ne appropriano facendosi adottare. Altre ancora invadono formicai con regine giovani e poche operaie (spesso di dimensioni ancora ridotte) e si fanno adottare; attendono per qualche tempo che l'altra regina produca abbastanza schiave e poi la uccidono, sostituendosi a lei e iniziando a deporre.

In laboratorio è stato osservato come una regina di *Polyergus rufescens*, penetrata in un grosso formicaio di *Formica fusca* con 6 o 7 regine, ne abbia uccisa una, prendendone poi il posto. Da quel momento è stata adottata e riconosciuta dalle operaie e dalle altre regine. Successivamente, ogni 3 o 4 giorni, ha cercato un'altra regina per ucciderla, finché non è rimasta la sola. Questa sembra non essere la via più intelligente; basterebbe infatti che la regina amazzone, per ottenere serve in abbondanza, decidesse di condividere il nido con le altre regine. A quanto pare, invece, è più conveniente che tutte le serve siano impegnate soltanto ad accudire la prole delle *P. rufescens*, avendo lei come unica regina. In questo modo, ci saranno sempre soldati molto grossi e in forze, che potranno poi andare a procurarsi altre pupe con facilità. Nel corso delle scorrerie, le amazzoni talvolta saccheggiano nidi di *Formica sp.* non accettata dalle serve presenti nel formicaio. Le sortite trasformeranno così le prede in cibo, ed è probabilmente questo lo scopo originario che ha generato lo schiavismo.

Non sempre le cose procedono così linearmente. Ad esempio, nel caso di colonie di *Polyergus rufescens* con serve di *Formica cinerea*, spesso solo uno dei nidi periferici di una macro colonia di questa fiera e combattiva formica viene parassitato, per cui la regina di *P. rufescens* tende ad avere grande disponibilità di serve, anche senza che le sue figlie debbano sforzarsi di procurare bozzoli.

Istintivamente, si è umanizzato il comportamento di questa stupenda specie, convincendosi della presenza di figure come le scout e altro; ciò però, alla luce di alcuni studi, non sembra corrispondere alla realtà. Questo rende molto interessante la loro osservazione, a patto di avere spazio, tempo e conoscenze sufficienti per studiarle.

Tipo di fondazione: parassitaria. Sembra vengano utilizzate diverse strategie.

Fondazione in cattività:
In primis, è necessario ragionare attentamente su cosa significhi imbarcarsi in una simile avventura. Si tratta di formiche assolutamente dipendenti dalle proprie schiave e, prima di iniziare bisognerebbe avere, almeno, una o due colonie mature di *Formica sp.* compatibili con le *Polyergus rufescens* che desideriamo allevare. Ciò significa che, se la nostra regina proviene da un nido con preferenza *F. fusca*, ci siano due colonie di questa specie, se *F. cunicularia* due di quest'altra e così via. Se non si conoscono le preferenze della regina catturata, si possono mettere in una grossa arena due o più provette con pupe e una o due operaie di specie diverse. A quel punto, lasceremo che sia la regina a scegliere dove andare a rintanarsi.

Conservative Mode: ON

Personalmente, ho avuto parecchi problemi a far accettare le giovani *Polyergus* e/o le pupe ad alcune *Formica fusca* (?), sebbene spesso si legga dell'assenza di questo genere di ostacoli. Pertanto, se dopo un anno non ci si vuole ritrovare con una regina di *Polyergus rufescens*, magari in perfette condizioni, che continua a produrre uova che non riusciranno mai a raggiungere lo stadio adulto, è meglio essere molto prudenti. Questi problemi sono segnalati anche in vari studi, a cura di W. Czechowski e E. J. Godzińska, e tali comportamenti delle *Formica sp.* prendono il nome di *"Slave-sabotage"*. Sembra che alcune colonie di serviformica abbiano questa attitudine più sviluppata di altre. Bisognerebbe definire quale sia il formicaio da cui si vuole recuperare la regina e poi identificare con certezza le operaie di questa colonia, regolandosi di conseguenza. Se si volesse essere totalmente conservatori, nella fase iniziale si potrebbe posizionare una pietra piatta sopra il nido madre e recuperare le pupe che, dopo le razzie, vi vengono messe sotto a scaldare.

Attenzione a non prendere pupe di amazzoni: si potrebbe causare un collasso della colonia già sul nascere – le amazzoni hanno un bozzolo e/o pupe nude più grandi e più rossicce.

Con questo accorgimento si sarebbe al sicuro, soprattutto se da lì venissero prelevate una decina di operaie adulte e, magari, tre o quattro *Polyergus rufescens*.

Attenzione: non tutte le operaie del nido madre accetteranno la regina dopo l'accoppiamento, quindi aggiungerle una a una. Lo stesso avviene con le amazzoni, che è bene aggiungere se si hanno già 5 o 6 operaie adulte assoggettate.

<u>Conservative Mode: OFF</u>

Una regina di *Polyergus rufescens* è in grado di fronteggiare qualche operaia di *Formica sp.*, ma sconsiglio sempre di metterla alla prova più del necessario. Il mio modo di procedere, ad oggi, non ha mai fallito e lo uso per tutti i tipi di formiche parassite:

1) Procurarsi un buon numero di pupe e stiparle in una provetta lunga circa 15 cm

munita di riserva d'acqua. Stabilizzarla con del pongo. Immettere 2 o 3 operaie, meglio se una di esse è molto giovane, e chiuderle all'interno con il tappo già sporco di miele o simili.

2) Lasciare calmare e far acclimatare le abitanti della provetta-nido per qualche tempo. Ancora meglio, se dovessero nutrirsi.

3) Togliere il tappo e mettere in comunicazione la provetta-nido con la provetta in cui si trova la regina di *Polyergus rufescens*.

4) Attendere il trasferimento della regina nella provetta-nido.

5) Chiudere la provetta-nido e mantenerla in ambiente tranquillo.

Naturalmente possiamo rimanere in osservazione quanto desideriamo. Immagino che chi sta leggendo, non faccia parte di quella schiera di idioti che si diverte a picchiettare sul vetro per vedere cosa accade.
In una situazione normale, la regina convincerà presto le operaie adulte. In un secondo tempo, se lo desideriamo, possiamo introdurre anche altre

formiche adulte: quelle che subentreranno si assoggetteranno con una facilità ancora maggiore – personalmente, non le aggiungo quasi mai. Tutte le nuove serve arriveranno dalle pupe. Del nutrimento della regina si occuperanno le operaie più vecchie.

Nella fase iniziale, si noterà il curioso comportamento della regina. Sebbene alcune operaie possano mostrare un atteggiamento minaccioso, lei ne ricerca il contatto, quasi a dimostrare di non essere pericolosa. In realtà, da vicino riesce a "convertire" meglio le operaie usando il suo profumo. Solitamente non si assiste a combattimenti delle operaie come quelli che si verificano nel caso di adozioni di regine di *Formica* del gruppo *rufa*, dove, talvolta, ho potuto visionare operaie intente a mordere la regina per più di 24 ore consecutive.

Nel caso di regina di *Polyergus rufescens* immessa in una colonia di *Formica sp.* con relativa regina, le cose potrebbero essere più semplici e naturali, in quanto la regina identificherebbe nell'altra un target da raggiungere e "impersonare". Le probabilità di successo potrebbero comunque essere inferiori, portando a sacrificare un'intera colonia.

Soprattutto in fase di fondazione, è importante che le formiche siano lasciate tranquille. La regina di *Polyergus rufescens*, infatti, tende facilmente ad agitarsi, anche molto. A normalizzazione avvenuta, deporre la provetta precedentemente stabilizzata in una piccola arena. Fornire da subito abbeveratoio d'acqua e zucchero/miele, meglio se separati. Appena possibile, una delle vecchie operaie andrà a bottinare e dovrà trovare subito quello che cerca.

La regina dovrebbe rimanere in una fase latente, fino a quando la popolazione di operaie non raggiunge il suo gradimento. È importante che sia sempre alimentata e abbeverata; normalmente con una ventina di operaie la regina si sente al sicuro. Raggiunto il quorum, che potrebbe variare da regina a regina, inizierà a deporre. Il numero delle prime uova, varia a seconda del numero di operaie presenti e potrebbe anche non avvenire fino alla primavera successiva, anche se ciò non rappresenta la norma. Di solito, si arriva alla ripresa dopo l'ibernazione, con le larve dell'anno prima che, dopo breve tempo, si imbozzoleranno.

Di seguito propongo alcune foto che, anche se non di ottima qualità, documentano alcuni passaggi interessanti di fondazione secondo le prime indicazioni.

Appena raggiunta la provetta nido, la regina di *Polyergus rufescens* sembra incantata dai bozzoli di *Formica sp.* e li controlla uno a uno.

Una delle operaie di *Formica sp.* spalanca le mandibole minacciosa.

Poco dopo l'operaia cerca il contatto. Ha già abbandonato l'atteggiamento aggressivo.

La regina fa in modo di mettersi sotto l'operaia, mentre questa inizia a leccarla amorevolmente. Si può così essere sicuri che l'adozione sia riuscita, almeno per quanto riguarda questa operaia. Tra regine, il mettersi l'una sotto l'altra, indica sottomissione.

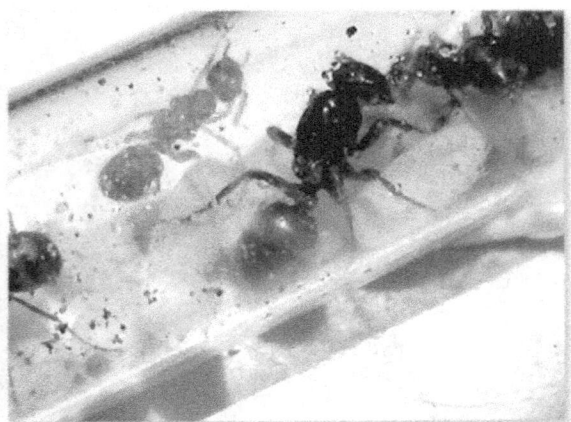

Qualche giorno dopo, si assiste già alle prime nascite. In questo e alcuni altri casi, mi è parso che la regina stessa aiutasse le giovani operaie a uscire dai bozzoli, ma non possedevo gli strumenti per poter verificare.

Formicai in natura: dipendenti dalle schiave, si trovano in pianura e fino ai 900/1000 m di altitudine.

Formicai artificiali: dipendenti dalle schiave. Per vedere il comportamento legato ai raid, l'uscita del nido deve essere un'area aperta di almeno 40 cm di diametro. Questo spazio consentirà alle amazzoni di cimentarsi nella danza frenetica pre-raid. Per poter consentire lo sviluppo del raid vero e proprio, è necessario uno spazio molto più esteso, addirittura di metri.

Difficoltà: media – difficile.

Descrizione:
Si tratta di una formica parassita specializzata, quindi obbligata ad avere schiave. Soggetto veramente interessante da studiare, ha dei comportamenti comuni alle altre formiche e altri che sembrano denotare regressione. Come altre formiche, mostra una certa intelligenza e ci sono vari studi che lo dimostrano.
Le amazzoni sono in grado di adattare il loro comportamento alle condizioni ambientali. Nel

caso di schiave *Formica fusca*, le amazzoni di ritorno dalle incursioni troveranno l'ingresso del nido allargato rispetto al solito, quindi vi trasporteranno all'interno il bottino. Il comportamento delle schiave, che le porta ad adattare il nido alle esigenze della colonia, si manifesta dopo il ritorno delle amazzoni dai primi raid. Normalmente la *F. fusca* fa nidi dagli ingressi piuttosto stretti e scomodi. Questa serviformica impara ad adattarsi alle amazzoni un po' alla volta, fino a iniziare i lavori di allargamento non appena la colonna di razziatrici lascia il nido.

In un altro caso, con schiave *Formica cinerea*, le amazzoni, rientrate dalle sortite, lasciano i bozzoli nella zona in cui si trovano gli ingressi e, a volte, tornano a fare un'altra sortita o girano eccitate sulla superficie del nido. Questo perché il carattere delle *F. cinerea* è ben diverso dalle *F. fusca* e arrivano a pretendere di strappare il bottino dalle fauci delle guerriere.

Questa differenza di comportamento delle *Polyergus rufescens* mostra la capacità di adattarsi a diverse situazioni ed è segno di intelligenza. Le amazzoni, se abbandonate a loro stesse, mostrano alcuni comportamenti per loro inusuali: bevono da sole e cercano di leccare le sostanze zuccherine; non lo fanno in modo efficiente, ma dimostrano che quell'istinto è ancora vivo in loro. Nonostante tutto, non sono in grado di sopravvivere per molto tempo senza aiuto. Una colonia senza serve è impensabile.

Un'altra situazione strana si verifica in caso di raid di amazzoni provenienti da altri nidi. Spesso le amazzoni attaccate, scappano a rifugiarsi sulla cima di piccole piante o erba, esattamente come fanno le loro serve. In altri casi si ingaggia una battaglia sanguinosa che può portare anche all'eliminazione della colonia attaccata.

In natura, quando il rapporto schiave/amazzoni comincia ad avvicinarsi a 10/1, le amazzoni si mobilitano. Secondo alcuni, le *Polyergus* hanno delle scout che cercano formicai obiettivi e tornano per segnalarli ed eventualmente guidare il raid contro di essi. Ma studi basati su principi molto semplici, effettuati catturando tutte le *Polyergus* che uscivano la mattina da sole, quindi potenziali scout, dimostrano che il comportamento della colonia, privata delle scout, non cambia rispetto al solito. I raid mantenevano la stessa frequenza e la stessa probabilità di successo.

In realtà, gli studi che sostengono l'esistenza delle scout, sono stati fatti su una cugina della *Polyergus rufescens*, cioè la *Polyergus lucidus*. Si tratta di una specie nordamericana che si comporta in modo praticamente identico alla specie europea, ma che potrebbe avere un comportamento diverso dalla *P. rufescens*. Per quanto possa sembrare incredibile, ci sono ragionevoli dati che fanno presumere che i raid siano effettuati in direzioni casuali e che, in natura, abbiano un alto livello di successo grazie alla frequenza dei nidi di potenziali schiave.

Un bellissimo studio del Dipartimento di biologia evolutiva e funzionale dell'Università degli Studi di Parma (a cura di F. Le Moli, R. Visicchio, A. Mori, D.A. Grasso e C. Castracani), sebbene un po' impreciso su condizioni delle colonie e altri particolari, dimostrerebbe l'esistenza delle scout e il loro valore fondamentale. Afferma inoltre che spesso alcune amazzoni rimangono nel nido predato. Per condurre gli esperimenti con successo, anche questi studiosi hanno dovuto utilizzare un sistema che permettesse alle formiche di vedere il sole. Da un passaggio presente nello studio, si evince che spostando "il pavimento" sul quale si

muove la colonna si può creare confusione nella piccola orda, dimostrando così che viene seguita una traccia precisa. Interessanti le differenti risposte della colonia, in base alla quantità di bozzoli da predare. Sembrerebbe quindi che le *Polyergus* siano in grado di valutare il bottino e di comunicarne l'entità coinvolgendo un numero proporzionato di compagne. Si è anche registrato come le singole scout fossero attaccate con fermezza dalle operaie del formicaio target, quando vi si avvicinavano. Solo durante il vero attacco da parte della colonna di amazzoni, questo comportamento delle operaie del nido target sembrava inesistente, probabilmente a causa dei ferormoni emessi dalle *Polyergus* eccitate. La mia opinione è che queste formiche utilizzino un sistema misto, ricorrendo a volte alle scout e a volte a tentativi destinati a far deviare la direzione delle colonne in base agli odori percepiti lungo il tragitto.
Qualunque sia il sistema effettivamente utilizzato, è comunque molto interessante vedere come si organizzano i raid. La danza delle amazzoni continua fino a quando non si raggiunge la sufficiente concentrazione di formiche: quasi come se venissero contate. Sembra che questo meccanismo

sia regolato dalla concentrazione di ormoni emessi dalle *Polyergus rufescens* danzanti. Contemporaneamente, le serviformica si agitano sulla superficie del formicaio in allerta. Quando viene raggiunto un numero sufficiente di amazzoni eccitate, la colonna parte in una determinata direzione.

Il sospetto che non via sia il coinvolgimento del solo fattore olfattivo, e che quindi un'amazzone non tracci un percorso di anche 100 metri solamente lasciando una striscia odorosa, mi è scaturito in seguito a uno degli incontri più impressionanti avuti con questa specie. A circa metà pomeriggio di un caldo giorno di agosto, mi godevo un po' di relax all'ombra di un vecchio gelso. Avevo concluso da poco un bel volo in parapendio ed ero in atterraggio, in zona Lecco, a circa 240 msl. Sarei dovuto correre a casa dopo aver ripiegato l'attrezzatura, ma il troppo caldo mi fece decidere di fermarmi per godere della leggera brezza, comodamente disteso su un asciugamano bianco. Con gli occhi rivolti verso l'alto, guardavo altri parapendio in volo, meditando su quanto la vita possa essere meravigliosa. D'un tratto, con la coda dell'occhio, vidi qualcosa di rosso che si muo-

veva sul mio asciugamano. Quando mi resi conto che si trattava di una colonna di formiche velocissime, rimasi davvero stupito. La colonna era lunga circa un metro e aveva un fronte di almeno 10 cm. Nonostante il caldo, le seguii fino alla sortita in un piccolo formicaio, dal quale le amazzoni portarono via le pupe e qualche larva. Ciò che mi stupì molto, fu il loro passare senza timore sull'asciugamano, mantenendo sempre la traiettoria originale. Impressionante!
Nonostante queste spedizioni davvero sorprendenti, le *Polyergus rufescens* non sono le dominatrici dell'ambiente. Stanno alla larga dalle colonie di *F. sanguinea*, anche se a volte le predano, ma soprattutto dalle *Formica* gruppo *rufa,* con le quali a volte si scontrano subendo gravi perdite. Una volta raggiunto il formicaio oggetto della razzia, i combattimenti sono quasi inesistenti, tanto da essermi capitato più volte di vedere operaie del nido "vittima" vagare tra le amazzoni, senza essere in alcun modo attaccate. Mi sorge così un interrogativo: può essere che corazza e zanne servano di più in caso di incontri con *Formica rufa* e simili o contro altri nidi di *Polyergus* rivali, che si trasformano in veri e propri massacri? Normalmen-

te le *Polyergus rufescens* si difendono soltanto, al semplice scopo di attraversare l'area controllata dalle specie ostili o portare a casa le pupe.

In allevamento, quando il numero di amazzoni è elevato rispetto alle serve, capita spesso di vederle vagare per l'arena. Probabilmente, in natura, quando ci sono poche amazzoni, anche le singole guerriere vanno in cerca di nidi da predare in azioni individuali.

In laboratorio, ho proposto una provetta contenente un bottino di *Formica* sp. differente da quello con cui convivono; le *P. rufescens* vaganti incontrandolo se ne sono allontanate impaurite. Questo è senz'altro un comportamento curioso, se rapportato a guerriere con le loro doti. Il fatto che in alcuni nidi di *Polyergus rufescens* la stessa *Formica sp.* venga usata come schiava, non determina l'interesse dei soldati di *Polyergus rufescens* che convivono con specie differenti; questo, almeno, è ciò che emerge dalla mia esperienza diretta. Se la provetta viene posta troppo vicina agli ingressi, si scatena invece una reazione aggressiva di difesa. Spesso, in laboratorio, le amazzoni si raggruppano a pochi centimetri dalle uscite del formicaio, rimanendo immobili. Ho denominato questo comportamento *"camping"*: le amazzoni stanno tranquille e all'erta, ma non manifestano altri tipi di comportamento. Il *camping* si denota dopo il risveglio primaverile e, col passare del tempo, un numero maggiore di *Polyergus rufescens* esce dal nido per parteciparvi.

Durante questi ritrovi ho potuto più volte notare le amazzoni fare trofallassi tra loro, comportamento che sembra non esistere in formicai maturi. In altri momenti, invece, le amazzoni rimangono rintanate a dormire, solitamente aggrappate a testa in giù al soffitto, spesso vicino alla regina.

L'allevatore, notando l'inquietudine delle amazzoni, dovrebbe porsi la seguente domanda: «dove vado a prendere i bozzoli o le larve?». Se le amazzoni non riusciranno a compensare l'equilibrio, che in cattività è molto più durevole che in natura poiché raramente si assiste alla morte delle operaie, tenteranno di organizzare una sortita. Per farlo, hanno bisogno di poter vedere il cielo o qualcosa che dia loro la sensazione di scorgere il sole, indispensabile per l'orientamento. Dopo di che, se la temperatura dell'ambiente è abbastanza alta, inizieranno "la danza del caos" e partiranno in una direzione.

Perché una colonia di *Polyergus rufescens* faccia qualcosa di simile a ciò che accade in natura, bisognerebbe fornire loro almeno un'arena di 1x1 metro. Ma questa è una cosa difficile da realizzare. In un mini terrario si può provare a mettere una provetta con qualche operaia e molte pupe prese da un'altra colonia. In questi casi, però, sarà più facile che le stesse serviformica trovino le provette e affrontino le altre operaie, portando poi le pupe al nido. A volte anche le amazzoni intervengono per riportare le pupe, ma non si tratterà di una vera e propria sortita. Si possono anche mettere in comunicazione due formicai, uno con le serviformica e l'altro con le *Polyergus*. A fronte degli spazi ridotti, una sortita potrà avere solo una direzione e la colonna potrebbe trovare l'ingresso dell'altro formicaio. In questo caso si potrà assistere a un attacco, ma con molte limitazioni.

I formicai di allevamento difficilmente rispettano la struttura di quelli naturali, spesso hanno una sola uscita e le occupanti del nido saccheggiato non possono fuggire con larve e pupe in alto, sugli steli. Gli elementi chimici usati dalle amazzoni potrebbero riempire il formicaio senza però essere dispersi, provocando così la morte degli abitanti. Inoltre, le amazzoni si potrebbero incastrare e confondere con il bottino, nell'operazione di uscita dal formicaio. Alcuni allevatori hanno tentato di riprodurre questo evento con alterne fortune. Per predisporsi a qualcosa di simile conviene realizzare un formicaio con arena separata, così da poterlo facilmente collegare alla grossa arena.

In natura, il periodo delle sortite si aggira di solito intorno a metà pomeriggio. Personalmente ho registrato queste attività in tempi abbastanza differenti ma, statisticamente, l'orario è dalle 15.00 alle 18.00 (partenze), sempre e solo se la giornata è soleggiata.

Nei miei esperimenti, con provette piene di pupe posizionate il più distante possibile dall'uscita del formicaio, ho potuto assistere solo alcune volte a un comportamento che faccia pensare alla presenza di scout. La mia colonia non ha la possibilità di vedere il sole, sebbene una forte lampada a LED singolo sembri sortire lo stesso effetto. Di solito fornisco i bozzoli all'interno di una provetta, con l'ingresso ostruito con ghiaino. Con questo sistema le *F. cunicularia* schiave non intervengono fin da subito, probabilmente non notando l'odore delle pupe e delle eventuali operaie all'interno. Le *Polyergus* vaganti a volte lo notano e si danno un gran da fare a scavare. Liberato il passaggio, gli scenari sono differenti. In un caso, vengono attirate anche le *F. cunicularia* schiave che tendono a prendere in mano la situazione, attaccando le eventuali operaie presenti all'interno e trasportando i bozzoli o mettendosi ad accudirli. In un altro caso, le schiave non intervengono e le *Polyergus* vaganti si occupano del trasporto delle pupe all'interno del proprio nido (di solito buttano letteralmente i bozzoli nell'ingresso), ignorando le operaie presenti in provetta. In pochi casi, invece, mi è accaduto che la *Polyergus* che ha scoperto la provetta sia tornata al formicaio a cercare il contatto con le compagne, ricorrendo a movimenti a scatto per attirare la loro attenzione e, probabilmente, comunicare con loro. Il risultato è stata una rapidissima mobilitazione delle amazzoni presenti nel nido, pur non uscendo tutte allo scoperto, e la successiva rapida fuoriuscita verso l'esterno. In questa situazione qualcosa probabilmente si inceppa, a causa dei ridotti spazi a disposizione. Le amazzoni vagano un po' disordinatamente (probabilmente tentando di fare la "danza di reclutamento") e raggiungono la provetta solo a gruppetti, sottraendone il contenuto. Il percorso del ritorno spesso è differente da quello dell'andata. Il problema è che, in questa situazione confusa, anche molte operaie si allarmano e prendono parte, anche se in modo più ordinato, all'operazione. Le *Polyergus* rimaste vicino al nido mostrano un comportamento agitato quando incontrano le compagne di ritorno con il bottino.

Allevamento:
Alcuni allevatori sostengono che la propria regina deponga maggiormente quando nella colonia sono presenti bozzoli di *Formica sp*. Altri, me compreso, hanno osservato che la deposizione non è legata alla presenza di bozzoli. Ragionandoci, parrebbe anche essere una cosa illogica. Ad esempio, nel tipo di fondazione che propongo io, il secondo anno non ci sarebbero passi in avanti, ma così non è. Ritengo che la regina non regoli la tempistica di produzione delle uova, ma la quantità, scegliendo in base al numero di individui, contando anche le amazzoni. A quel punto, quando nasceranno le nuove razziatrici e le condizioni saranno adeguate, le amazzoni adulte di-

sponibili cercheranno di fare delle sortite. Più studi confermano che anche un piccolo manipolo di soldatesse è in grado di fare piccole sortite, magari in formicai non troppo grandi.

Poiché per il reclutamento è necessario raggiungere un certo livello di "propaganda", sono portato a pensare che gli approvvigionamenti di pupe possano essere fatti anche da singoli individui. Uno dei fattori a convincermi del fatto che anche poche amazzoni agiscano per recuperare le prede, scaturisce dal comportamento delle formiche denominate "scout", che vagano nel territorio. Una piccola colonia di solito conta qualche decina di amazzoni. Le mie osservazioni sono ancora in corso e auspico di avere altri riscontri entro l'estate 2016.

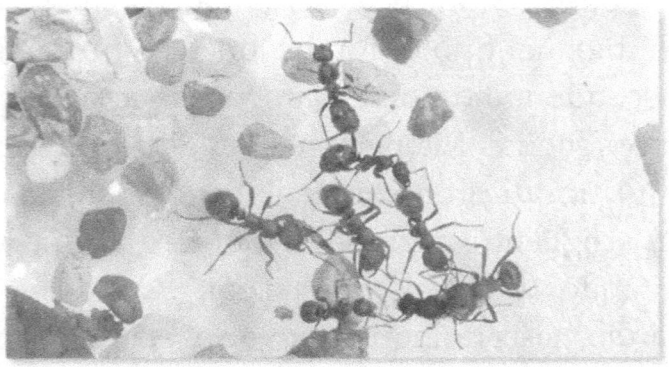

Maschio di *P. rufescens* trattenuto da una sua zia.

Curiosità:
- questa specie, nell'eterno confronto con le serviformica, ha sviluppato alcuni comportamenti davvero curiosi, come ad esempio fare mini raid su nidi secondari di formiche già assoggettate, fondati in autonomia dalle schiave che si allontanano per il sovraffollamento del nido madre. In questo caso non sono prelevate le pupe, ma operaie adulte che vengono rimesse nel formicaio centrale;
- prelevando le pupe, in giro nella zona dove si trova il loro formicaio, capita a volte che vengano trasportati alcuni acari parassiti. Sembra però che le amazzoni ne siano immuni o ne risentano molto meno; per contro ne patiscono le serviformica;
- studi genetici dell'Università di Varsavia, indicano che i maschi di *Polyergus rufescens* sono figli delle amazzoni e non delle regine fecondate;
- non tutti i raid di questa specie raggiungono l'obiettivo e spesso le formiche tornano a casa senza aver concluso nulla. Janina Dobrzanska e Jan Dobrzanski quantificano il fallimento attorno al 25% dei casi;

- nonostante le loro armi e corazze, in caso di aggressione del nido, se il numero delle schiave è elevato, le amazzoni si danno alla fuga, lasciando alle schiave la difesa della colonia. Se in proporzione ci sono poche schiave, le amazzoni diventeranno molto aggressive, tendendo ad attaccare l'intruso – nei miei esperimenti ho potuto "toccare" con mano quanto siano dolorosi i morsi di questa formica. In altri casi, ma non sempre, le amazzoni difenderanno il nido contro altre amazzoni;
- la fondazione di una nuova colonia sembra facilitata se è presente la regina residente che verrà uccisa dalla usurpatrice che trascorrerà vari secondi al suo fianco, dopo i quali verrà accettata al 100% da quasi tutte le operaie.
- La specie *Formica rufibarbis* sembra in grado di fronteggiare sia le regine che le sortite delle amazzoni.
- se una colonna in fase di raid scoprisse un altro nido di *Polyergus*, saranno effettuati più raid sul nido rivale, fino alla sua eliminazione. In questo caso nei combattimenti

all'ultimo sangue verranno coinvolte sia le operaie sia le *Polyergus;*

Tetramorium caespitum

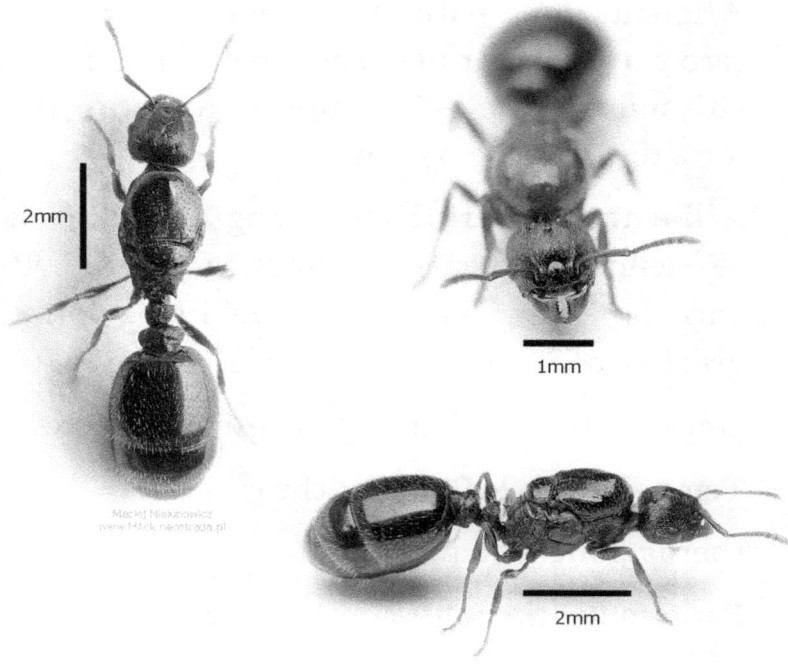

Areale di distribuzione: intera Italia, con varie specie.

Nome scientifico: *Tetramorium caespitum*

Ginia: monoginica, in alcuni rari casi poliginica.

Regina: 5-6 mm.

Colore regina: marrone, più o meno scuro.

Operaie: 3-4 mm – caste non presenti.

Colore operaie: marrone, più o meno scuro.

Alimentazione naturale: mangia di tutto; non è raro trovarla a far man bassa nelle ciotole dei nostri animali domestici, oppure intorno a resti a terra di caramelle o gelati.

Alimentazione artificiale: mangia di tutto, anche se è tendenzialmente carnivora. Si possono offrire vari alimenti fino a trovare quelli maggiormente graditi e comodi.

Umidità: molto adattabile, da umido a secco.

Temperatura: 24-29 °C, anche costante.

Ibernazione: non necessaria.

Periodo di sciamatura: maggio/agosto.

Tipo di fondazione: claustrale.

Formicai in natura: presenti in moltissimi ambienti, spesso in luoghi anche fortemente antropizzati se non nelle case stesse.

Formicai artificiali: bisogna realizzare qualcosa di resistente, ad esempio lastre di vetro affiancate, ecc. Sono ottime scavatrici e riescono facilmente a scavare il gasbeton o il gesso.

Difficoltà: Sono formiche di facile gestione ma piccole; bisogna quindi essere precisi nella creazione di nido e arena.

Descrizione: crescono velocemente e sono piuttosto aggressive, sia tra nidi conspecifici sia con altre formiche. Il loro svantaggio, rispetto alle altre formiche, è il non essere velocissime.

Allevamento: facile. Sono formiche che danno molta soddisfazione all'allevatore, soprattutto dal punto di vista numerico. Essendo piccoline è anche facile trovare alloggiamenti carini.

Curiosità:
- talvolta capita di assistere a vere e proprie guerre tra formicai vicini. Vengono formati agglomerati di corpi in combattimento.

Allevare altri insetti

Se si allevano varie colonie di formiche, può tornare davvero utile avere degli allevamenti di altri insetti da fornire come cibo proteico. I più facili da allevare sono: camole della farina, tignole della farina e blatte varie.

Camole della farina (*Tenebrio molitor*)

Si tratta di un insetto veramente facile da allevare e reperire. Lo si può trovare nei comuni negozi di animali e, di solito, viene venduto in piccole scatole. La cosa migliore per un allevatore è creare una propria popolazione dalla quale prelevare quanto gli necessita, senza dover acquistare di volta in volta nuovi esemplari.

Trovo molto comodo usare alcuni vecchi acquari di plastica, ma vanno bene anche alcune scatole di plastica che si trovano all'IKEA o nei negozi dei cinesi. Questi insetti sono incredibilmente adatti a vivere in climi secchi e conviene tenerli in luoghi caldi e piuttosto asciutti. Per nutrirli uso pane secco e croste della pizza, che scarto dai miei pasti. Di tanto in tanto fornisco qualche pezzo di verdura, come lattuga, carote, zucchine e simili.

Attenzione: accertatevi che i vostri scarti siano "bio" o comunque non troppo trattati, altrimenti potreste veder morire i vostri insetti.

I tre stadi del *Tenebrio molitor* da sinistra a destra: adulto, pupa e larva.

Qualche volta fornisco anche crocchette per cani e gatti scadute. Ho anche provato a usare latte in polvere per neonati scaduto. Come fondo uso riso o pasta scaduti o già invasi dalle famose farfalline (*Plodia interpunctella*(?)).

Attenzione: in caso di utilizzo di cibi contaminati da questi piccoli lepidotteri, si potrà assistere al loro sfarfallare per casa, con rischio per gli altri alimenti.

Cotone idrofilo e pezzi di maglietta in cotone possono essere utili: le camole amano infilarcisi dentro e gli adulti spesso ci nascondono le uova.

Utilizzo:

L'insetto va fornito morto e tagliato a pezzetti. Lo stadio migliore è quando è appena impupato, in quanto rappresenta il massimo di cibo possibile. Se lo si fornisce quando è ancora morbido, verrà sfruttato meglio dalle formiche. Se si aspetta troppo diventa duro e chetinoso e perde parte della sostanza nutritiva che l'insetto usa per la trasformazione. Per questo stesso motivo non sono adatti gli adulti o le larve: lo scarto dato dalla pelle dura è percentualmente alto.

Assicurarsi che degli individui raggiungano la maturità, altrimenti si rischia l'estinzione della colonia. Di solito lascio proseguire nella trasformazione solo le pupe più grosse.

Blatte

Blatte: adulti e giovane.

Rispetto alle camole, richiedono maggiore umidità e possono essere nutrite con ogni tipo di cibo, meglio se umido. Hanno un apparato masticatore simile alle cavallette e sono ben adattabili. Sono sconsigliate solo per il cattivo odore generato dal loro cibo. Si trovano facilmente nei negozi di animali e sono di varie dimensioni; quelle nella foto raggiungono i 4 cm circa e i loro maschi hanno le ali.

UTILIZZO:
Vanno offerte morte e tagliate. Anche formiche di piccole dimensioni possono sfruttarle entrando

nella carcassa. Talvolta sono utili con alcune *Camponotus* e *Lasius*.

Grilli (Acheta domesticus)

Gli ortotteri in generale costituiscono un' ottimo pasto per le nostre formiche. Effettivamente sono i più appetibili per la maggior parte delle nostre amiche. Ideali anche per il fatto che, in modo simile alle blatte, possono essere forniti in diverse dimensioni. Nel caso di *Manica rubida*, sarebbe il caso di fornire grilli piccoli che possano passare attraverso i vari corridoi e ingressi in modo da facilitare il trasporto e poter essere lasciati sulle larve che se ne nutriranno autonomamente. I Grilli possono essere allevati, ma richiedono spazio e sono piuttosto "pericolosi" se non si calcola bene l'altezza dei possibili balzi. Chiuderli in una scatola, a meno che non ci siano delle buone zone di areazione fornite con zanzariere in metallo, non è una buona idea. Richiedono cibo fresco vegetale, croccantini per cani, pane e non deve mai mancare l'acqua.

UTILIZZO:
Sempre buona idea fornirli morti, possibilmente solo decapitati se freschi, ma sarebbe consigliabile surgelarli per impedire possibili infestazioni da acari. In alcuni casi, se si parla di Formicaio naturalistico con amplia arena potrebbero essere immessi vivi e verranno predati solo quando la colonia è affamata, nel frattempo fornire sempre acqua e qualche pezzetto di cibo.

Drosofile

Si tratta di piccole mosche, relativamente facili da trovare sul mercato. Appetibili per quasi tutte le formiche, anche le più schizzinose. La loro piccola dimensione e il fatto che alcune sono in grado di volare le rende fastidiose da gestire. Inoltre, spesso sono veicoli CERTI di acari.

UTILIZZO:

Personalmente le congelo sempre prima di fornirle alle formiche. Faccio fare almeno 4 ore a -22C. Ottime per alimentare piccolissime colonie o regine in fondazione.

Alcuni Diari

Penso che, per un allevatore, sia molto importante tenere dei diari delle varie colonie. Questo documento serve per dare consigli precisi a terzi, così come per verificare con esattezza alcune informazioni. Ad esempio, il tempo di sviluppo delle larve o gli alimenti dati in una determinata fase. È infatti facile dimenticarsi di alcuni aspetti pratici, soprattutto se si hanno più famiglie di formiche da seguire.

Diario *Camponotus vagus*

<u>23-05-2013 (Ulbanda)</u> – inizio
Ho sempre desiderato studiare questo gigante nero e adesso ecco l'occasione. La regina è arrivata già con alcune uova ma in provetta opaca. Oggi l'ho spostata con tutta la sua prole nella nuova sistemazione. È rimasta sul pezzetto di legno dove ha appoggiato tutta la sua covata. Per il momento le lascio questo pavimento naturale, ma poi penso di cambiarlo con un pezzo di corteccia che non lasci spazio sotto, onde evitare perdita di uova o larve. L'ho nutrita subito con una goccia di miele: sembra abbia gradito molto. Ora satolla sta tranquilla tranquilla.

<u>27-05-2013</u> – Ulbanda è in ottima forma!

<u>29-05-2013</u> – Oggi ho controllato Ulbanda, ho provato a offrirle un insetto (tipo zanzara) e l'ho lasciata con la provetta aperta mentre preparavo il necessario. Ulbanda si è portata nella parte non oscurata fino alla fine della provetta. Ha guardato fuori, ha controllato l'insetto e poi è ritornata al suo posto. Mi sembra tranquilla, speriamo bene.

<u>03-06-2013</u> – Sono riuscito a togliere il legno. Lei ha spostato le uova nella parte oscurata da un cartoncino. Ho notato due animaletti minuscoli, marroncini e rotondeggianti che camminano per la provetta. Appena ho inserito un pezzo di grillo, si è precipitata fuori.

Che tenerezza... prova a trascinarlo ma non ce la fa... È troppo spaventata.

12/06/2013 – Ulbanda sta molto bene. Le due larve si sono imbozzolate; non so esattamente quando, ma è stata una bella sorpresa. Le uova si sono schiuse e ora ci sono moltissime larvette. Stranamente, anziché essere ammonticchiate tutte insieme, sono sparpagliate nella zona oscurata della provetta. Visto l'addome un po' "ristretto" le ho dato un batuffolo di acqua e zucchero. Penso ne abbia approfittato, dato che le dimensioni sembrano essersi ripristinate.
Tutto va bene. Lei è tranquilla, anche se sembra abbastanza curiosa; mentre ero dedito alle varie operazioni per preparare lo zucchero, si avvicinava all'ingresso.
Vorrei trasferirla nel pezzo di legno con il buco a forma di cuore. Ma credo sia meglio avere prima un po' di operaie.

23-06-2013 – Altre pupe. Ma da dove sono spuntate? Aveva due larve grosse e altre larvette... Le ha portate all'imbozzolamento in un attimo... mah...

27-06-2013 – Ulbanda ha portato il batuffolino di cotone con acqua e zucchero vicino alla prole. È da qualche giorno ormai senza copertura della provetta. Per togliere il batuffolo ho dovuto usare un cacciavite. Ulbanda mi ha davvero impressionato per la sua aggressività. Niente sembra intimorirla.

02-07-2013 – Oggi mi sono accorto della prima operaia: me l'aspettavo più chiara, ma forse è sfarfallata stamattina. 32 giorni circa per far sfarfallare una formica. Però!

07-07-2013 – Le operaie, ormai quasi una decina, sono abbastanza pigre. Giacciono senza fare nulla. Oggi mi sono spazientito e ho messo nella provetta (ormai aperta in una piccola arena) un pezzo di camola, che la regina ha subito iniziato a mangiare. Fuori ci sono acqua e miele, ma nessuna ci si avventura. Ci sono anche due o tre ovetti. Speriamo.

04-08-2013 – Oggi ho messo la provetta nell'acquario che ospiterà la colonia per un po'. Tutto è andato bene e la colonia si è trasferita velocemente. Il formicaio è in gesso e penso avrò problemi a umidificarlo. Confido nella scarsa necessità di umidità di queste formiche.

06-08-2013 – Da qualche giorno ormai la famigliola si è trasferita in acquario. Questo è il mio primo tentativo con il gesso in acquario. Ho deciso di fare tutto in gesso senza parti mobili. Tutto è affogato. Ho preso degli angolari a L in alluminio – 0,5x0,5 cm – e li ho incollati in alto, per contenere l'antifuga che altrimenti imbratterebbe tutto il vetro.

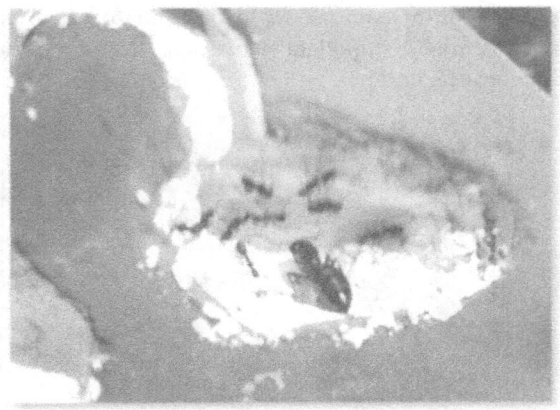

06-08-2013 – Particolare delle piante, sulle quali vorrei provare a mettere qualche afide. Ho piantumato le piantine in un substrato di cotone idrofilo, così che possa anche essere fornita acqua alle formiche.

07-08-2013 – Tutto sembra procedere bene, la famiglia occupa 3 stanze. Nella prima, quella vicino all'ingresso, sono stati portati pezzetti di gesso. Forse volevano ridurre la dimensione dell'ingresso. Ci sono ancora molte larve e pupe.

<u>11-08-2013</u> – Nel terrario sono cadute alcune operaie di *L. emarginatus* (che mi stanno davvero seccando con la loro massiccia presenza in cucina) e mi sono stupito di quanto siano aggressive e territoriali le piccole operaie di *C. vagus*. Anche i *Lasius* non scherzano. Quando una delle *C.vagus* è tornata al nido con un'operaia di *Lasius* attaccata a una delle zampe, la stessa regina dalle stanze più profonde è risalita, con fare arrabbiato. Davvero incredibile il carattere impavido di questa regina. Non ha comunque potuto intervenire perché le altre operaie erano intente ad attaccare l'intrusa; mi ha stupito molto.

<u>15-08-2013</u> – Tutto procede molto bene, le operaie pattugliano l'arena con decisione e autorevolezza. Aggrediscono senza esitazione eventuali formiche. Attacchi rapidissimi e a volte poco efficienti, ma sempre decisi.

<u>02-09-2013</u> – Noto che sono formiche un po' "sporcaccione", che non portano mai fuori dal formicaio i pezzi delle varie prede. Ieri ho messo una camola della farina intera ma non l'hanno considerata. Preferiscono grilli, tignole della farina e zanzare. Le operaie ora sono 22, con covata sempre in corso. Sono le formiche più tranquille che abbia. Se per caso urto il tavolo sul quale sono sistemate, non accennano ad agitarsi, al contrario delle colonie delle *F. fusca*.

<u>15-09-2013</u> – Tempo fa avevo messo in adozione dei bozzoli di *C. ligniperda*. In arena avevo trovato qualche operaia sfarfallata morta; pensavo

quindi che non l'adottassero. Invece oggi ne vedo due belle tranquille, che se ne stanno nella stanza della regina. Tutte le operaie sono gonfie di miele, c'è poca attività in arena. Ora dovrebbero essere 26/27; ho notato un'operaia media.

23-09-2013 – Due o tre operaie di *C. ligniperda* sono in ottima salute e se ne stanno rintanate a testa in giù. Quindi le *C. vagus* non sono poi così terribili come pensavo. La colonietta ha sempre una covata; pupe, uova, larve non mancano mai. Le operaie sono una trentina. Probabilmente il nido è troppo asciutto. Sto pensando a come risolvere.

04-10-2013 – Ecco alcune foto appena fatte. La maggior parte delle operaie rimane in "casa". Sono tutte piene come otri.

Nella foto, operaie con un gruppetto di larve di varie dimensioni. Le richieste di insetti sono molto calate nonostante vi siano le larve. Forse sono stanche e si preparano per l'inverno. Si vede anche un'operaia di *C. ligniperda* appesa a testa in giù.

24-12-2013 – Da qualche giorno, per vari cambiamenti in casa, ho dovuto spostare la colonia in una zona dalla temperatura piuttosto alta. La colonia sembra rimanere ancora sopita e solo un'operaia si è avventurata all'esterno.

10-01-2014 – Nulla di nuovo. La colonia è abbastanza attiva ma non se ne parla di uscire a foraggiare. C'è un gruppetto di larve, ma il passaggio verso l'esterno è ancora bloccato da frammenti di gesso: il nido è in una stanza fresca a circa 18 °C.

03-02-2014 – In famiglia sembra essere tornata un po' di attività e iniziano i lavori per lo sgombero completo del tunnel di uscita. Già da qualche giorno, le operaie escono a foraggiare regolarmente. Ci sono varie larve.

06-02-2014 – Ormai è facile, anche se non frequente, vedere delle operaie in giro per l'arena. Le camole sono gradite, come del resto anche l'acqua e lo zucchero di canna. Il miele viene ignorato. Le larvette crescono e ora occupano quasi per intero il pavimento della stanzetta più bassa.

08-02-2014 – Oggi ho visto il primo bozzolo di una media o forse piccola major. La colonia procede bene; si è svegliata e dopo aver recuperato i pezzi di camola rimane confinata nel formicaio. Però a dispetto di questa calma apparente, un'operaia minor è fuggita e l'ho trovata sulla mia spalla mentre ero al computer. Iniziamo bene!

10-02-2014 – Le larve si sono sviluppate molto velocemente, alcune si sono già imbozzolate. Le *C. vagus* dimostrano di non tenere tanto alla pulizia, lasciando i resti delle camole insieme alla covata.

11-02-2014 – Altri intrusi in arena! Quando è stato dato l'allarme per la presenza di *Lasius emarginatus* nella zona del nido, la più decisa è stata Ulbanda che si è messa di guardia a ostruire il passaggio. Qualche operaia la superava per poi tornare dietro di lei. Incredibile davvero. Quando una delle *L. emarginatus* si è introdotta nel nido con fare bellicoso (sinceramente non le capisco), la regina le si è fatta incontro cercando di azzannarla. Veramente uno spettacolo.

Nella foto si vede la zona usata come nido: la parte bassa con due stanze.

Dopo qualche tempo, una soldatessa di *C. ligniperda* ha preso il posto della regina. Solo in quel momento Ulbanda si è ritirata nelle retrovie.

15-02-2014 – Ormai ci sono parecchi bozzoli. Ci sono rimasto un po' male, pensavo che le larve sarebbero diventate più grosse. Comunque sono belli e bianchissimi. Noto che le *C. vagus* non sono molto ordinate.

21-02-2014 – Le larvette crescono e i bozzoli rimangono sempre bianchissimi.

10-03-2014 – Altre uova.

05-04-2014 – La colonia cresce lentamente. Sembrano diventate un po' più schizzinose, forse perché ci sono praticamente solo pupe.

12-04-2014 – La colonia continua a crescere. Le giovani formiche nascono quasi nere, per cui sono difficili da distinguere dalle vecchie. Eccone una aiutata dalle sorelle. Ci sono sempre uova, larve e pupe.

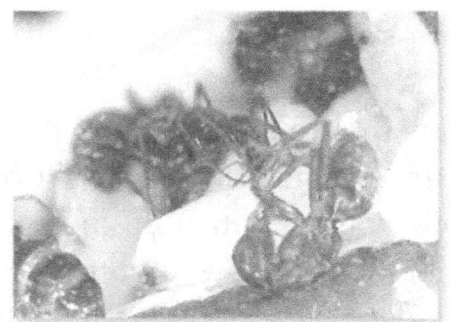

12-04-2014 – Sua maestà è sempre bellissima.

30-04-2014 – Ormai dovrebbero essere più di 50 e iniziano a pattugliare regolarmente l'arena. Sono abbastanza attive e ci sono sempre larve e pupe.

09-05-2014 – Aumentano. Da un paio di giorni si stanno nutrendo di una blatta gigante morta. Niente da segnalare, eccetto che su 3 stanze una adesso l'hanno ripulita.

14-08-2014 – La famiglia continua a crescere e con questa crescita cambia anche il comportamento delle operaie foraggiatrici che sono diventate più curiose e aggressive.

Il diario è stato sospeso in quanto, oltre a dire che aumentavano, non c'erano molte altre novità, eccetto forse il fatto che a ottobre ho dovuto aprire anche la seconda parte del formicaio, resa inaccessibile con un batuffolo di cotone che faceva da tappo. La colonia ora occupa 6 stanze e sono comparse le prime operaie medie e major.

Diario *Lasius meridionalis (emarginatus)*

<u>09-08-2013</u> – Dopo ben tre esperienze negative con tentativo di adozione di *Lasius* gruppo *umbratus* con *L. niger* di piccola colonia orfana, sono passato a metodi più sicuri e cauti. Grazie a Mirko, sono entrato in possesso di una regina, che a dir suo insidiava un nido di *L. emarginatus* con un'operaia viva in bocca. Ho quindi fornito una gran quantità di bozzoli con 2 o 3 operaie appena sfarfallate. La regina appena si è trovata a contatto con i bozzoli si è tranquillizzata e ha cominciato a cercare di accudirli. Tutto sembra andare per il meglio. Il fallimento delle precedenti adozioni penso sia causato dalle regine, che riescono a mettere in atto il loro mascheramento di ferormoni solo in piccoli spazi. Se gli incontri avvengono all'aperto o in spazi troppo grandi diventano inefficienti. Ho potuto notarlo in modo evidente con le *Polyergus rufescens* e penso che sia valido per tutte le formiche che tentano questo tipo di adozione. Questa volta non ho voluto rischiare e tutto dovrebbe andare per il meglio.

<u>16-09-2013</u> – Aggiornamento cumulativo. La colonia dopo la nascita di tutte le operaie è rimasta per qualche tempo in una provetta e ha usato una scatola di Tic-Tac come "dependance". Ci sono davvero moltissime operaie. Sto avendo problemi con l'alimentazione: non tutte hanno il gastro dilatato e non riesco a capire quanto si nutrano; non sembrano interessate a cibi proteici. Ci sono ancora 2 pupe e un grosso grappolo di larve. Le operaie le accudiscono con cura. Ho visto la regina nell'ultimo trasferimento da provetta a gasbeton; sembra stare benissimo e ha l'addome moderatamente dilatato. È sempre circondata dalle operaie e la loro attenzione nei suoi confronti è superiore a quello delle operaie di *L. emarginatus* verso la loro regina. Ho voluto tenere una colonia pura di *L. emarginatus* come termine di paragone.

<u>05-11-2013</u> – La colonia, per quanto abbastanza attiva ma senza modifiche alla covata, è stata messa sul davanzale esterno della finestra del bagno, nella zona a nord, dove il sole è assente. Inizia la pausa invernale.

<u>10-01-2014</u> – Portata in casa per motivi di spazio e per mia comodità. L'attività è ripresa ma non noto particolari accrescimenti nelle larvette.

03-02-2014 – La colonia ora accetta volentieri i pezzi di camola. Le larvette sono piuttosto piccole ma ce ne sono parecchie divise in 3 o 4 gruppi. Quasi tutte le operaie sono satolle.

21-02-2014 – Finalmente si stanno imbozzolando le prime larve di *L. meridionalis*. Presto vedremo se le "terribili" (secondo mie esperienze precedenti) operaie di *L. emarginatus* permetteranno la nascita delle nuove operaie gialle. Speriamo!

03-03-2014 – La colonia procede benissimo, la regina ha deposto altre uova, mentre la prima generazione dovrebbe sfarfallare da un momento all'altro.

Ecco le uova appena deposte dalla regina. Il ritmo è abbastanza incalzante.

06-03-2014 – Continuano a esserci molte pupe ma ancora nessuna nascita. Le operaie mangiano pezzi di camola.

22-03-2014 – Incredibile: ancora non sono nate le *L. meridionalis*. È però accaduta una cosa molto strana. Ho immesso un'operaia di *Lasius emarginatus "vagantis"* (nel senso che non faceva parte della colonna delle mie formiche), trovata questa mattina a vagare sul tavolo della mia cucina, pensando che le operaie della colonia la facessero a pezzi e se ne nutrissero. Al contrario, l'operaia *vagantis* ha mostrato un comportamento di allerta, con i consueti scatti in avanti e indietro, e non è stata attaccata dalle altre che la osservavano interessate o fuggivano. L'operaia ha potuto entrare nel nido senza problemi, continuando con il suo atteggiamento. Mi sono pentito di questo, poiché ho dei dubbi su cosa possa accadere se l'operaia incontrasse la regina. Mah! Davvero incredibile. Ad ogni modo, farò degli approfondimenti. Non mi risultava questa bassa aggressività delle *emarginatus*.

22-03-2014 – È successo: finalmente sono nate le prime due *L. meridionalis*. Molto belle ma piccoline. Sono ancora bianchissime. Sembrano un po' in balìa delle *L. emarginatus*, una in particolare pare essere trattenuta, non so se per essere pulita o per motivi di aggressività delle sorellastre. Sono molto contento. Vedremo domani; dovrebbero esserci altre nascite.

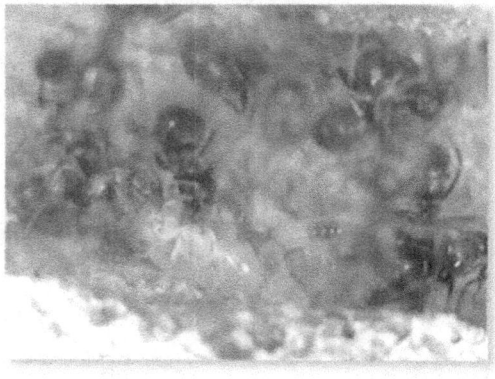

22-03-2014 – Per ora ne vedo solo due. Sono contentissimo.

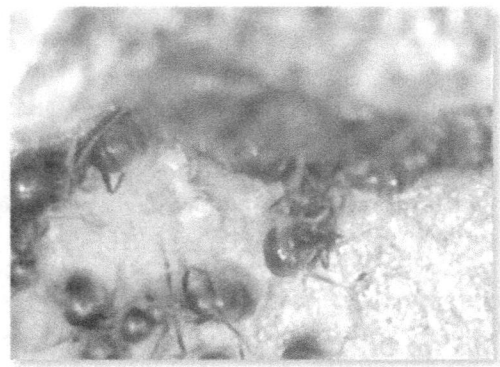

24-03-2014 – Ho potuto verificare atteggiamenti aggressivi nei confronti delle giovani *L. meridionalis*. Non sembrano sfociare in vere e proprie soppressioni, ma la cosa rimane preoccupante. Per sistemare la situazione si dovrebbero togliere tutte le *L.emarginatus*; le giovani *L. meridionalis* dovrebbero essere in grado di aiutare le sorelle. Io lascerò che le cose vadano come la natura prevede e vediamo come se la cavano. Poco prima di questa foto ho visto anche 3 operaie di *L. emarginatus* che si tiravano l'una con l'altra: non so se si trattasse ancora dell'operaia che ho introdotto stupidamente tempo fa. O forse le giovani operaie fanno qualcosa per confondere le schiave, che finiscono poi con l'aggredirsi l'una con l'altra?

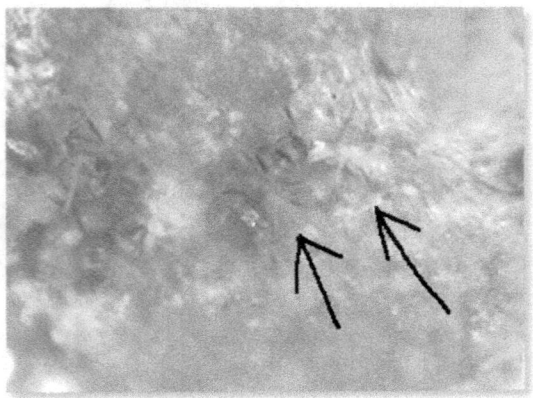

25-03-2014 – Oggi le piccole erano 3, forse 4. Una sembra abbia quasi assunto la colorazione standard della specie.

26-03-2014 – Nonostante l'abbassamento della temperatura, ci sono state altre nascite e una delle piccole operaie appare sempre più gialla. Sembra proprio che le *L. meridionalis* riescano a superare i problemi di crescente aggressività delle *emarginatus* – comportamento, tra l'altro, portato avanti solo da alcuni esemplari. Oggi ho contato 6 nuove nate.

29-03-2014 – Altre nascite. Alcune piccole operaie hanno l'addome molto grosso, e ciò significa che vengono nutrite. Tendono comunque a raggrupparsi e ad accudire le larve.

05-04-2014 – Le giovani *L. meridionalis* sono sempre di più, tendono a rimanere raggruppate sulle larve e le pupe, come è giusto che sia – le operaie giovani si occupano della prole. Sono diventate anche piuttosto intraprendenti e vagano per il formicaio. Ricevono cibo dalle operaie di *L. emarginatus* e le ho viste nutrirsi sopra pezzi di prede portati nel formicaio. A volte si vedono percorrere il breve tunnel che porta all'uscita, ma vi si affacciano soltanto, senza procedere oltre.

12-04-2014 – Sempre di più, si vendono alcune uova e operaie di *L. meridionalis* e di *L. emarginatus* che se ne prendono cura.

13-04-2014 – Sono sempre più gialle.

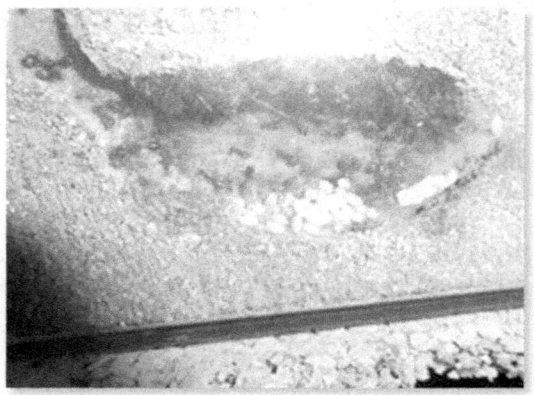

30-04-2014 – La colonia sta crescendo a dismisura. Le deposizioni si susseguono. Sinceramente, pensavo a una crescita più lenta, invece tra poco sarò costretto a trasferirle. Non ho ancora pensato a come fare. Le *L. meridionalis* vanno d'accordissimo con le *L. emarginatus*; escono però all'esterno con fatica, anche se alcune di loro ci si avventurano di tanto in tanto a bottinare.

09-05-2014 – Inizio ad avere problemi di contenimento e non riesco a trovare una buona regolazione per il cibo. Presto vorrei trasferirle, anche se non so bene come procedere.

26-05-2014 – Oggi ho effettuato il trasferimento forzato della colonia. Ormai non ci stavano più e le operaie portavano le larve fuori, nelle buche che usavo per inumidire. Ho realizzato un formicaio orizzontale in gasbeton con lastra di vetro. Tutto è andato piuttosto bene, sebbene ci siano stati attimi di tensione. Spero che il formicaio duri almeno un anno, stando agli attuali ritmi di nascita: per essere una colonia molto giovane stiamo parlando di numeri spaventosi. Non mi stupirei se l'anno prossimo arrivassero anche gli alati.

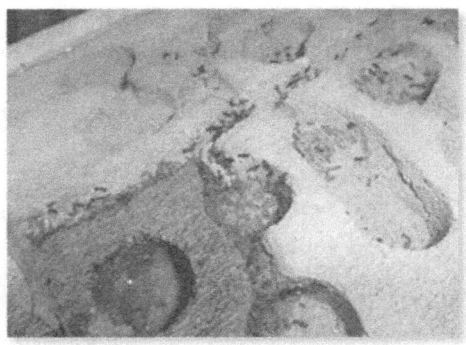

<u>25-06-2014</u> – Si sono schiuse varie pupe e ora lo spazio occupato è aumentato. Ci sono altri grappoli di uova e larve. La popolazione cresce in modo incredibile. Sono le formiche più facili in assoluto da allevare: mangiano di tutto e riescono a finire un cubetto di anguria di 1x1x1 cm nel giro di qualche giorno. Adorano i gelsi, mangiano pezzi di camole e blatte, bevono anche molta acqua e zucchero.

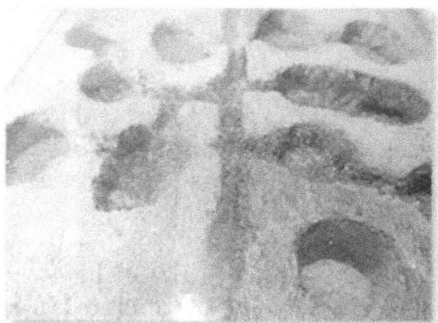

<u>19-07-2014</u> – Ho provato a mettere alcune pupe di *Lasius fuliginosus* in arena a questa colonia, volendo trovare conferma a un mio ragionamento, secondo il quale queste formiche sarebbero la specie "target" proprio delle regine di *L. fuliginosus*. Con mio dispiacere, invece di comportarsi come credevo, adottando questi nuovi bozzoli li hanno denudati e sbranati! Mi spiace davvero per le povere pupe (quattro). Credo quindi che non siano molto adatte.

09-08-2014 – Incredibile. Ho provato a dare del cibo per gatti e lo mangiano! Non ho mai trovato formiche più adattabili di queste.

14-08-2014 – La colonia cresce e ho notato che si stanno dando da fare per scavare un tunnel nel gasbeton. Devo trovare una soluzione.

20-08-2014 – Sono tantissime.

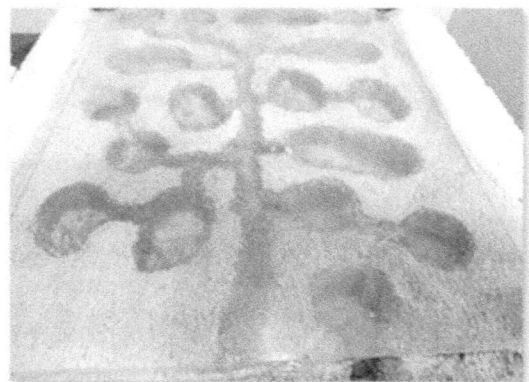

26-09-2014 – Da giorni tento di far trasferire la colonia in una nuova teca verticale con la base immersa in acqua, soluzione che avrei gradito molto soprattutto per l'inverno. Purtroppo, non ci sto riuscendo. Le formiche rimangono nel vecchio formicaio, anche se secco e molto illuminato. Da qualche tempo ormai non vedo neppure una *Lasius emarginatus*. Sembrerebbe che siano state lentamente eliminate.

17-10-2014 – Finalmente il trasferimento è completato. Ci sono stati vari problemi. Ho dovuto agganciare la vecchia arena a un tubetto orizzontale. Le formiche ora sono tutte raggruppate in basso al nuovo formicaio, ma non escono in arena utilizzano il passaggio in alto a destra. Preferiscono usare un tubetto di plastica che fa un giro alternativo. Probabilmente useranno l'altro ingresso soltanto quando il formicaio sarà pieno. Ci sono stati vari decessi. Non so se perché parte della colonia si sia incanalata nei vari tubi o se per lo stress. Mah! Ora, comunque, non dovrei più preoccuparmi per "perforazioni" e umidità. L'acqua è in basso e umidifica senza problemi. Nonostante ciò, devo mettere acqua in arena. Tra poco vorrei addormentarle.

L'idea di utilizzare la colorazione nera, mescolata con un marrone un po' più scuro, dà un ottimo effetto visivo, sebbene sarebbe stato molto meglio fare tutto di colore nero. In alto a destra si vedono vari cadaveri, ammucchiati e ammuffiti. Posizionate fuori, al freddo.

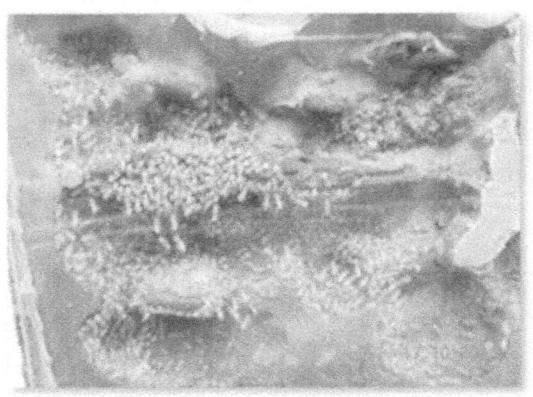

<u>19-01-2015</u> – Trasferite in casa anche loro. Tutto ok.

Gli aggiornamenti del diario sono terminati.

Non vi è nulla di particolare da segnalare se non che la colonia è in continua crescita. Sto avendo problemi di fuga, che non riesco bene ad arginare. Probabilmente hanno scavato nella parte in silicone che, nella zona superiore, dovrebbe isolare l'arena e il nido.

Disinformazione sulle formiche

Ho lottato con me stesso per evitare di scrivere questa parte, ma proprio non riesco a non farlo.

In generale, non sopporto chi ignora le cose o le inventa. Non mi piace che vengano raccontate cose differenti dalla realtà, solo perché umanizzando un animale lo si rende più "simpatico". È un atteggiamento classico di chi ha la mente ristretta e riesce a vedere e capire solo cose esattamente identiche a ciò che già conosce. Penso che società molto diverse potrebbero essere affrontate in modo fantasioso, senza stravolgerle troppo.

Approfondiamo ora meglio la questione.

Fiabe

Iniziamo dalle fiabe.

Se le condizioni lo richiedono, le formiche si confermano delle grandi lavoratrici. Ma quando hanno raggiunto i loro obiettivi e le loro scorte, si fanno delle lunghe "vacanze".

Oziare, comunicare e dormire sono le loro attività preferite. Non lavorano per il gusto di farlo e, come narra la fiaba *La cicala e la formica*, appena possono fanno le cicale.

È da notare che la cicala vive molto meno e, se non canta per trovare una compagna, la specie si estingue. Inoltre la formica non vive da sola nella sua casetta ma vive nella casa di famiglia e, se si avvicina una cicala, la mangia.

Cartoni animati

In tutti i cartoni animati che ho visto e che trattano di formiche, eccetto *Minuscole* – davvero carino da vedere –, ci sono sempre "formichi" e "formiche". È vero, nelle formiche ci sono anche i maschi, ma nella maggior parte dei casi sono privi di mandibole utilizzabili, hanno le ali e vivono poco tempo nel formicaio.

Gli abitanti del nido sono tutte femmine: soldati, operaie, regine. Tutte femmine: quindi poco sesso nelle colonie delle formiche! Non ci sono "formichi" belli e muscolosi e piccole operaie graziose e femminili. Non si uniscono tra loro: sono solo sorelle che collaborano per il bene comune della colonia/famiglia.

Penso che si sarebbero potuti realizzare cartoni animati più fedeli alla realtà, con eguali avventure e con tante sorelle. In fondo, se ci sono le WINX, ci possono essere anche le formiche sorelle.

In *Bugs-life* ci sono scene davvero divertenti, ma assolutamente fuorvianti rispetto alla realtà. Eccetto rarissimi casi di "imbroglio" da parte di altri insetti, le formiche non si fanno mettere i piedi in testa da nessuno! Una piccola formica si lancerà contro qualsiasi nemico del formicaio, indipendentemente dalla dimensione di quest'ultimo. Le cavallette le mangiano, non le servono.

In *Z la formica*, il "formico" operaio senza ali viene mandato in guerra contro le termiti, torna e sposa la principessa, che era già stata promessa a un soldato. Non è vero: soldati e operaie sono sempre femmine!

In *Minuscole*, due nemiche per la pelle, formiche e coccinelle, vengono messe insieme. Assurdo! Le coccinelle si mangiano gli afidi tanto amati dalle formiche e sono fatte apposta per potersi difendere dagli attacchi delle formiche. Di fatto sono delle specie di "carri anti-formica".

In *Ant Bully - Una vita da formica*, cartone animato divertentissimo sempre sullo stesso tema, ci sono formiche e formichi, di cui alcuni sono maghi. In questo cartone animato, come del resto in molti altri, la regina non si è neppure dealata. Le formiche si alleano con altri insetti per affrontare il nemico comune, collaborando anche con un umano. Molto istruttivo dal punto di vista sociale, ma come al solito fuorviante, con il ricorso a formiche maschi e femmine per scimmiottare la società umana.

Studi scientifici

Alcuni studi scientifici – mi riferisco in particolare a uno studio condotto da un'università americana dell'Illinois, se non erro –, evidenziano una grandissima scoperta: la maggior parte delle formiche sono "lazzarone". È stato infatti documentato come in una colonia, mi sembra di ricordare di *Temnothorax rugatulus*, la maggior parte delle formiche sia inattiva. Lo studio è stato condotto per due settimane e propone un grafico riassuntivo nel quale si nota che: il 3% delle operaie lavora sempre, il 25% non lavora mai e il 72% è inattivo per la maggior parte del tempo. In tutta risposta, uno studio tedesco condotto dal Dr. Tomer J. Czaczkes, dell'Università di Regensburg, evidenzia come le operaie inattive si comportino come "riserve", alle quali riassegnare i vari compiti.

Non era però necessario condurre uno studio per analizzare questo comportamento: un allevatore che sia anche un buon osservatore se ne accorge quasi subito. Chiunque allevi formiche sa che, se ben nutrita e in condizioni ottimali, la maggior parte della colonia rimane inattiva. In genere le formiche più vecchie o più piccole sono quelle più attive nel foraggiamento, essendo le più sacrificabili. In caso di pericolo, le formiche all'interno del formicaio sono pronte a uscire all'esterno per difendere il nido, funzione di indubbia importanza. In un nido le cose cambiano immediatamente se qualcosa non va; ad esempio se il nido è troppo secco, le formiche usciranno in gran numero alla ricerca dell'acqua, e così faranno se mancasse il cibo, ecc...

Insomma, le formiche se possono si riposano e dormono tutto il giorno, come è logico che sia.

Legenda

(?) = *Lasius citrinus* (?). Forma grafica con la quale si intende che esistono ragionevoli indizi per ritenere che si tratti della specie *citrinus*, sebbene ciò non sia stato verificato al microscopio o da un esperto.

Sp. = *Lasius sp.* Abbreviazione con la quale si indica la sicura appartenenza al genere *Lasius*, sebbene non si abbia la certezza dell'esatta specie.

Bullismo = È inteso come "bullismo" quel comportamento che caratterizza specie differenti che vivono nella stessa colonia o che, in alcuni casi, coinvolge maschi e operaie della stessa specie.
Il termine spesso fa ritenere che l'operaia che ne maltratta un'altra sia la "cattiva"; in realtà, molto spesso, sono formiche schiavizzate che trattano male le figlie della regina alla quale si sono assoggettate.
Evidentemente, le formiche schiave hanno tutto il diritto di comportarsi in quel modo. Naturalmente, la cosa non è affatto gradita a noi allevatori.
A volte, si assiste alla situazione opposta o si manifesta con i maschi.

Antifuga = Ci sono varie soluzioni alle quali ricorrere come antifuga: si potrebbero usare acqua, olio di vaselina, grasso siliconico, impiastri vari con olio motore e vaselina. Evitare gli oli o i grassi naturali, che potrebbero deteriorarsi.

Trucchi dell'allevatore

- Per estrarre il batuffolo di cotone dalle provette in disuso, utilizzare uno stuzzicadenti da spiedino e, dopo aver bagnato il cotone, farlo girare su se stesso.

- In caso di trasferimenti forzati, si possono mettere il vecchio formicaio o la provetta sotto una luce intensa e lasciare oscurato il nuovo nido o provetta.

- Prima di dare degli insetti alle vostre formiche, sarebbe meglio surgelarli in freezer per almeno cinque minuti, per eliminare acari e parassiti.

- Usare i tappi delle provette opportunamente modificati per collegare un tubo in plastica. Quando il collegamento non è più necessario, rimettere il precedente tappo.

- I tappi delle provette possono essere anche tagliati in parte, in modo da dare stabilità alla provetta senza necessità di stabilizzatori.

- I tappi delle provette, se bucati con un foro di poco superiore alle dimensioni delle operaie, consentiranno alla colonia di sentirsi sicura.

- Rallentare le formiche mettendole in frigorifero (non in freezer), per poterle spostare più agevolmente da un ambiente all'altro o fare delle foto.

- Posizionare piedini in materiale gommoso e morbido sotto le provette o i contenitori delle formiche, così da ridurre le vibrazioni trasmesse al formicaio. In caso di nidi appoggiati al muro, isolarli con un sistema simile.

- Facendo collegamenti tra tubetti di gomma, utilizzando dimensioni differenti per incastrarli tra loro, conviene sempre servirsi di spilli che trapassino entrambi i tubi, in modo da fissare bene il tutto. Se possibile cercare di mantenere lo spillo sulla parte esterna, senza interessare lo spazio utile alle formiche. Una cosa altrettanto intelligente è fissare, sempre con lo spillo, il tubetto nella parte interna del formicaio, in modo che il ferro si opponga a eventuali strappi involontari.

- Invece che zucchero e miele, è molto comodo dare delle marmellate. Io uso marmellate il più naturali possibili. Il bello delle marmellate è che non sono invischianti come il miele o come lo zucchero bagnate. Attenzione che non tutte le formiche le gradiscono.

-

Distinzione tra alcuni generi di formiche

In montagna potrebbe capitare di trovare queste due specie. Con l'occasione ne mostro le differenze grazie alle immagini disponibili sul fantastico sito *www.antweb.org*. Come si può vedere, il genere *Camponotus* ha un torace uniforme, come fosse una vera e propria gobba. Il genere *Formica* invece ha alla sua metà una rientranza piuttosto caratteristica.

Le due specie hanno poi un comportamento notevolmente differente. La *Formica* in esplorazione ha il classico modo di procedere a tratti: corre, si ferma, esplora con le antenne e la vista, poi riprende a correre ecc. I *Camponotus* tendono invece ad avere un'andatura più omogenea.

Anche la lucentezza e le dimensioni sono differenti – i *Camponotus*, con i loro soldati, sono piuttosto massicci –, così come l'attaccatura delle antenne.

Una volta fatta un po' di pratica, basterà guardare l'insetto per pochi secondi e capire subito di quale si tratti.

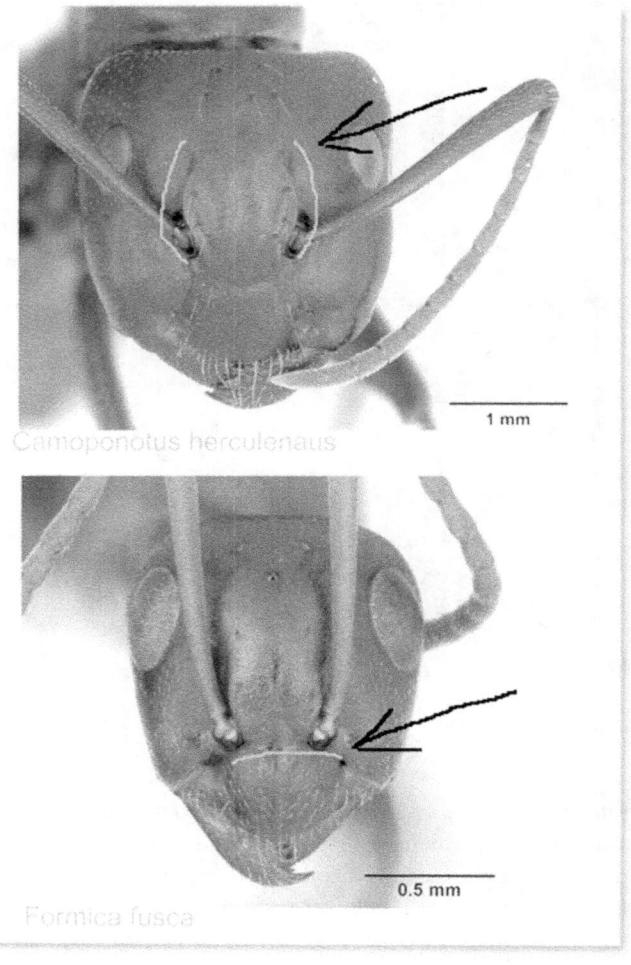

Differenza frontale tra genere *Camponotus* e genere *Formica*.

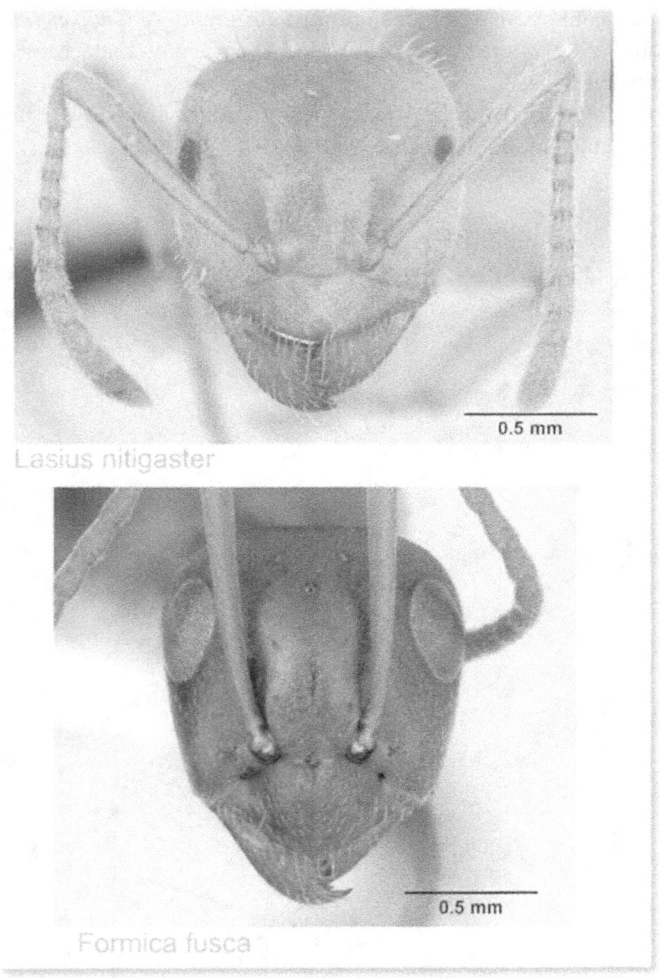

Differenza frontale tra genere *Lasius* e genere *Formica*.
I *Lasius* sono solitamente più piccoli delle formiche e si comportano in modo piuttosto differente. Di solito sono organizzati in colonne mentre le *Formica* procedono indipendentemente tra loro e si muovono a scatti, secondo il loro modo caratteristico. A volte le *Formica*, per via delle loro dimensioni, possono essere confuse con regine di *Lasius* parassita, come le

Lasius fuliginosus e *Lasius umbratus* che hanno l'addome piccolo. Basta una breve osservazione del torace per capire di quale si tratti.

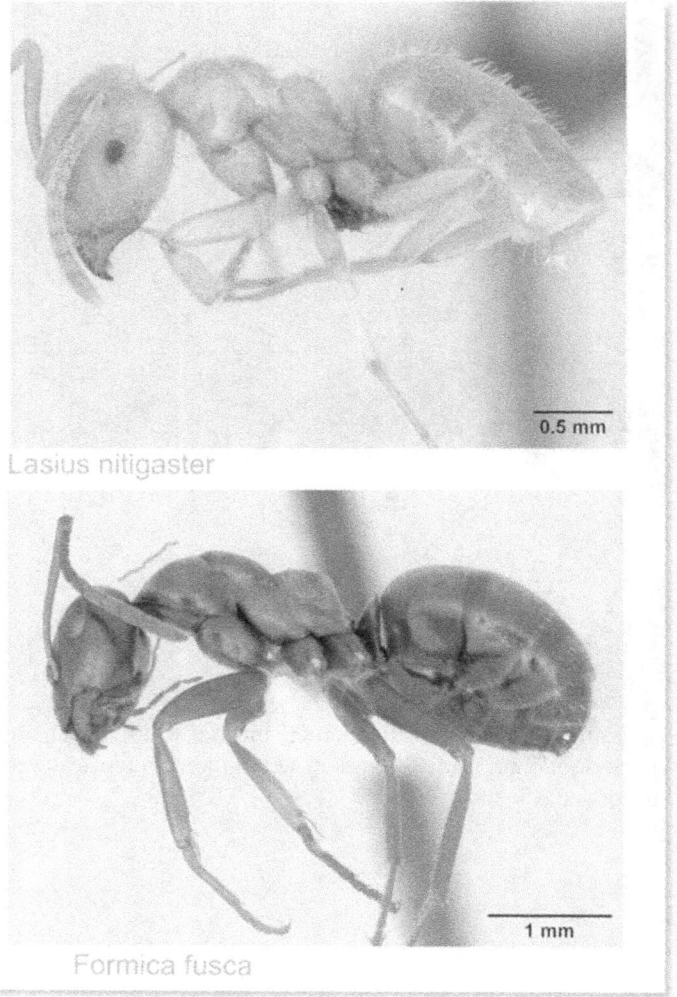

La distinzione *Lasius* vs *Formica* è abbastanza semplice, vista anche la differente morfologia. Il *Lasius* tende a essere più tozzo mentre la *For-*

mica tende a essere slanciata e allungata. L'agilità di quest'ultima ne è una conseguenza.

Bellissima foto reperita in Internet, mostra la differenza tra due specie molto simili di *Formica*: si notano le differenze del torace (propodeo).

Specie Italiane

Genere	Sub-genere o Gruppo-Specie	Specie	Distribuzione	Sciamatura
Anergates		atratulus	diffusa, ma raramente raccolta	
Aphaenogaster		campana	S, esclusa Sicilia	
Aphaenogaster		dulciniae	Ovest Liguria	
Aphaenogaster		epirotes	vicino Trieste (Friuli Venezia Giulia)	
Aphaenogaster		gibbosa	Ovest Liguria	luglio
Aphaenogaster		gibbosa fiorii	Sicilia e Sardegna	
Aphaenogaster		inermita	S Calabria	
Aphaenogaster		ionia	NE; S specialmente lungo l'Adriatico	
Aphaenogaster		italica	segnalata in alcune località sparse	
Aphaenogaster		muelleriana	NE	
Aphaenogaster		ovaticeps	Genova	
Aphaenogaster		pallida	dal Lazio S alla Sicilia	
Aphaenogaster		picena	Marche	
Aphaenogaster		sardoa	Sicilia e Sardegna	
Aphaenogaster		semipolita	Sicilia	
Aphaenogaster		senilis	Sardegna e Liguria	novembre
Aphaenogaster		sicula	Sicilia	
Aphaenogaster		spinosa	C lungo il Tirreno, Sardegna	
Aphaenogaster		splendida	estremo NE; sparso S lungo Tirreno, Sicilia	lug/ago
Aphaenogaster		subterranea	comune e diffusa	lug/ago
Aphaenogaster		subterranea ichnusa	Sardegna	
Bothriomyrmex		communistus	NE	
Bothriomyrmex		corsicus	N e C	

Bothriomyrmex		costae	S	
Camponotus	Camponotus	herculeanus	Alpi e N Appennini sopra gli 800 m	giu/lug
Camponotus	Camponotus	ligniperda	Alpi e N Appennini	mag/giu
Camponotus	Camponotus	vagus	comune e diffusa in aree calde	apr/mag
Camponotus	Colobopsis	truncatus	comune e diffusa alle basse altitudini	apr/mag
Camponotus	Myrmentoma	dalmaticus	NE Italia; sparso dal C al S	
Camponotus	Myrmentoma	fallax	diffusa	ott/nov
Camponotus	Myrmentoma	gestroi	in aree più calde, incluse Sicilia e Sardegna	
Camponotus	Myrmentoma	lateralis	diffusa	apr/mag
Camponotus	Myrmentoma	piceus	diffusa	apr/mag
Camponotus	Myrmentoma	ruber	Sicilia	
Camponotus	Myrmentoma	spissinodis	Sicilia	
Camponotus	Myrmentoma	tergestinus	?	
Camponotus	Myrmosericus	cruentatus	Ovest Liguria	giu/lug
Camponotus	Myrmosericus	micans	SO Italia, inclusa Sicilia	
Camponotus	Tanaemyrmex	aethiops	comune e diffusa in ambienti caldi	mag/giu
Camponotus	Tanaemyrmex	barbaricus	Sicilia	
Camponotus	Tanaemyrmex	marginata_nr	C e S; altri avvistamenti da confermare	
Camponotus	Tanaemyrmex	nylanderi	S, inclusa Sicilia	set
Camponotus	Camponotus	pilicornis	trovata in Liguria	ago-set
Camponotus	Tanaemyrmex	sylvaticus	Ovest Liguria	
Camponotus	Tanaemyrmex	universitatis	diffusa, ma molto raramente raccolta	
Cardiocondyla		elegans	?	
Cardiocondyla		mauritanica	S, incluse Sicilia e Sardegna	
Cataglyphis		italica	Apulia	
Chalepoxenus		muellerianus	diffusa, ma raramente raccolta	
Crematogaster	Crematogaster	laestrygon	Sicilia	

Crematogaster	Crematogaster	schmidti	NE	
Crematogaster	Crematogaster	scutellaris	diffusa e comune	set/ott
Crematogaster	Orthocrema	sordidula	Mediterranea aree di pianura, Sicilia	lug/ago
Cryptopone		ochracea	diffusa, ma raramente raccolta	
Cryptopone		ochracea sicula	Sicilia	
Dolichoderus		quadripunctatus	diffusa	lug/set
Formica	gruppo fusca	cinerea	diffusa in pianura	giu/lug
Formica	gruppo fusca	cinereofusca	Alpi	
Formica	gruppo fusca	clara	diffusa in pianura	
Formica	gruppo fusca	cunicularia	comune e diffusa	lug/ago
Formica	gruppo fusca	fusca	per lo più Alpi e N Appennini	giu/lug
Formica	gruppo fusca	fuscocinerea	Alpi e N Appennini	
Formica	gruppo fusca	gagates	diffusa in pianura	
Formica	gruppo fusca	lemani	Alpi e N Appennini	lug/ago
Formica	gruppo fusca	picea	diffusa in montagna, ma rara	
Formica	gruppo fusca	rufibarbis	Alpi	
Formica	gruppo fusca	selysi	Ovest Alpi e N Appennini	
Formica	gruppo exsecta	exsecta	Alpi e N Appennini	
Formica	gruppo exsecta	foreli	Alpi, rara	
Formica	gruppo exsecta	pressilabris	Alpi, rara	
Formica	gruppo rufa	aquilonia	Alpi	
Formica	gruppo rufa	lugubris	Alpi	
Formica	gruppo rufa	paralugubris	Ovest Alpi	
Formica	gruppo rufa	polyctena	N Alpi	
Formica	gruppo rufa	pratensis	Alpi e Appennini fino all'Abruzzo	
Formica	gruppo rufa	rufa	Alpi	
Formica	gruppo rufa	truncorum	Alpi	

Formica	gruppo sanguinea	sanguinea	diffusa; Sardegna esclusa	lug/ago
Formicoxenus		nitidulus	Alpi	
Harpagoxenus		sublaevis	Alpi e N Appennini, rara	
Hypoponera		abeillei	sparsa da N a S, inclusa Sicilia	
Hypoponera		eduardi	diffusa	
Hypoponera		punctatissima	N, Sicilia, Sardegna	
Hypoponera		ragusai	Sicilia	
Lasius	Austrolasius	carniolicus	rara, sparsa pianura	
Lasius	Cautolasius	flavus	diffusa	
Lasius	Cautolasius	myops	relativamente non comune, ma diffusa	
Lasius	Chthonolasius	bicornis	rara, ma diffusa	
Lasius	Chthonolasius	citrinus	rara, ma diffusa	
Lasius	Chthonolasius	distinguendus	diffusa	
Lasius	Chthonolasius	meridionalis	diffusa a N, la sua presenza altrove da accertare	
Lasius	Chthonolasius	mixtus	diffusa in pianura	
Lasius	Chthonolasius	nitidigaster	N e C, apparentemente rara	
Lasius	Chthonolasius	sabularum	?	
Lasius	Chthonolasius	umbratus	diffusa	
Lasius	Dendrolasius	fuliginosus	diffusa	
Lasius	Lasius	alienus	distribuzione da accertare	lug/ago
Lasius	Lasius	brunneus	diffusa	
Lasius	Lasius	emarginatus	diffusa, molto comune	
Lasius	Lasius	lasioides	?	
Lasius	Lasius	neglectus	aree urbane	
Lasius	Lasius	niger	diffusa	
Lasius	Lasius	paralienus	apparentemente comune nel N	
Lasius	Lasius	platythorax	Diffusa	

Lasius	Lasius	psammophilus	?	
Lepisiota		frauenfeldi	S, incluso Sicilia	
Lepisiota		nigra	S, specialmente su piccole isole	
Leptanilla		doderoi	Sardegna	
Leptanilla		poggii	Pantelleria I. (Sicilia)	
Leptanilla		revelierii	Sardegna	
Leptanilla		SIC01	Sicilia	
Leptanilla		SIC02	Sicilia	
Leptothorax		acervorum	Alpi e N Appennini, comune	
Leptothorax		gredleri	N, rara	
Leptothorax		kutteri	Alpi, molto rara	
Leptothorax		muscorum	Alpi e N Appennini	
Leptothorax		pacis	Alpi, molto rara	
Linepithema		humile	Serre e lungo il mar Tirreno	
Liometopum		microcephalum	diffusa	
Manica		rubida	Alpi e N Appennini	
Messor		barbarus	Liguria	set/ott
Messor		bouvieri	Ovest Liguria, Sicilia	
Messor		capitatus	diffusa	set/ott
Messor		minor	C & S, incluse Sicilia e Sardegna	
Messor		sanctus	Pantelleria (Sicilia)	
Messor		structor	diffusa e comune	mag/giu
Messor		wasmanni	C & S, incluse Sicilia e Sardegna	
Monomorium		monomorium	diffusa	
Monomorium		pharaonis	solo in edifici riscaldati; diffusa	
Monomorium		sommieri	Lampedusa (Sicilia)	
Monomorium		subopacum	S, incluse Sicilia & Sardegna	

Myrmecina		graminicola	diffusa e comune	
Myrmecina		mellonii	Sardegna	
Myrmecina		sicula	Sicilia	
Myrmica		constricta	NE e Calabria	
Myrmica		hellenica	N	
Myrmica		hirsuta	N (?)	
Myrmica		karavajevi	N (?), molto rara	
Myrmica		laurae	Appennini, molto rara	
Myrmica		lobicornis	Alpi	
Myrmica		lobulicornis	Alpi e N Appennini	
Myrmica		lonae	Alpi	
Myrmica		obscura	Alpi e N Appennini	
Myrmica		rubra	N e C	lug/ago
Myrmica		ruginodis	Alpi e N Appennini	mag/giu
Myrmica		rugulosa	solitamente al N, rara	
Myrmica		sabuleti	diffusa	set/ott
Myrmica		scabrinodis	diffusa	lug/set
Myrmica		schencki	Alpi e N Appennini	
Myrmica		siciliana	Sicilia	
Myrmica		specioides	N	
Myrmica		spinosior	probabilmente solo NO Alpi	
Myrmica		sulcinodis	Alpi, N e C Appennini	
Myrmica		tulinae	N (?)	
Myrmoxenus		corsica	Lazio	
Myrmoxenus		gordiagini	NE	
Myrmoxenus		kraussei	diffusa, ma raramente raccolta	
Myrmoxenus		ravouxi	sparsa specialmente Alpi, Sardegna e C Italia	
Myrmoxenus		stumperi	Alto Adige	

Oxyopomyrmex	santschii	S Calabria, Sicilia	
Pheidole	pallidula	diffusa	lug/set
Pheidole	teneriffana	Pantelleria (Sicilia)	
Plagiolepis	pallescens	Pantelleria (Sicilia)	
Plagiolepis	pygmaea	diffusa	mag/giu
Plagiolepis	schmitzii	Lampedusa e Linosa (Sicilia)	
Plagiolepis	taurica	diffusa in pianura	
Plagiolepis	xene	diffusa, ma raramente raccolta	
Polyergus	rufescens	diffusa	lug/ago
Ponera	coarctata	diffusa e comune	
Ponera	testacea	diffusa	
Prenolepis	nitens	NE	
Proceratium	algiricum	S, inclusa Sicilia	
Proceratium	melinum	N	
Proceratium	melitense	Sicilia	
Solenopsis	fugax	diffusa e comune	
Solenopsis	latro sicula	Sicilia	
Solenopsis	orbula	Toscana e Sardegna	
Solenopsis	orbula terniensis	Lampedusa (Sicilia)	
Stenamma	debile	diffusa	
Stenamma	petiolatum	segnalata in alcune località sparse	
Stenamma	sardoum	Sardegna	
Stenamma	siculum	Sicilia	
Stenamma	striatulum	diffusa	
Stenamma	zanoni	N	
Stigmatomma	denticulatum	diffusa, ma raramente raccolta	
Stigmatomma	impressifrons	molto rara, segnalata in alcune località sparse	

Strongylognathus	alboini	Friuli Venezia Giulia	
Strongylognathus	alpinus	sparsa località Abruzzi, Calabria e Sicilia	
Strongylognathus	destefanii	S, inclusa Sicilia	
Strongylognathus	huberi	sparsa pianura	
Strongylognathus	italicus	Isola d'Elba e N Appennini	
Strongylognathus	pisarskii	Monte Faito (Campania)	
Strongylognathus	testaceus	diffusa	
Strumigenys	argiola	diffusa, ma raramente raccolta	
Strumigenys	baudueri	diffusa, ma raramente raccolta	
Strumigenys	membranifera	?	
Strumigenys	tenuipilis	diffusa, ma molto raramente raccolta	
Tapinoma	erraticum	diffusa	giu/lug
Tapinoma	madeirense	diffusa	
Tapinoma	nigerrimum	C e S, Sicilia e Sardegna	
Tapinoma	pygmaeum	N, raramente raccolta	
Tapinoma	simrothi	Sicilia e Sardegna	
Tapinoma	subboreale	diffusa	
Temnothorax	affinis	diffusa	
Temnothorax	albipennis	distribuzione da accertare	
Temnothorax	alienus	C e S	
Temnothorax	angustulus	C e S, inclusa Sicilia	
Temnothorax	aveli	diffusa in pianura	
Temnothorax	clypeatus	diffusa, non comune	
Temnothorax	corticalis	NE	
Temnothorax	crassispinus	NE	
Temnothorax	exilis	diffusa in aree calde	

Temnothorax	finzii	N, molto rara	
Temnothorax	flavicornis	diffusa	
Temnothorax	interruptus	N, rara	
Temnothorax	kraussei	Sicilia e Sardegna	
Temnothorax	laestrygon	Sicilia	
Temnothorax	lagrecai	Sicilia	
Temnothorax	lichtensteini	diffusa, ma non comune	
Temnothorax	luteus	C e S sparso	
Temnothorax	minozzii	S Appennini	
Temnothorax	niger	NO	
Temnothorax	nigriceps	Alpi e N Appennini	
Temnothorax	nylanderi	diffusa	
Temnothorax	parvulus	diffusa	
Temnothorax	racovitzai	diffusa in pianura	
Temnothorax	recedens	diffusa	
Temnothorax	rottenbergii	per lo più C e S, incluso Sicilia	
Temnothorax	sardous	Sardegna	
Temnothorax	saxatilis	C Appennini fino a confini Lazio/Abruzzo	
Temnothorax	saxonicus	N	
Temnothorax	sordidulus	N-NE Alpi	
Temnothorax	specularis	C e S, inclusa Sardegna	
Temnothorax	tristis	Piemonte	
Temnothorax	tuberum	per lo più in Alpi e N Appennini	
Temnothorax	turcicus	Friuli Venezia Giulia	
Temnothorax	unifasciatus	diffusa e comune	giu/lug
Tetramorium	alpestre	Alpi oltre 1300 m	
Tetramorium	biskrense	Lampedusa (Sicilia)	
Tetramorium	brevicorne	Sardegna	

Tetramorium	caespitum	diffusa
Tetramorium	diomedeum	S, inclusa Sicilia
Tetramorium	impurum	apparentemente diffusa
Tetramorium	meridionale	C e S, inclusa Sardegna
Tetramorium	moravicum	N Appennini e NO Alpi
Tetramorium	pelagium	Linosa (Sicilia)
Tetramorium	punctatum	Sicilia, Isole Eolie e Calabria
Tetramorium	sanetrai	S, esclusa Sicilia
Tetramorium	semilaeve	C e S, incluse Sardegna e Sicilia
Tetramorium	semilaeve jugurtha	Sicilia

Ringraziamenti

Ringrazio mia moglie Barbara per l'incredibile pazienza che ha con me, per saper comprendere un complimento come «sei bella come una regina di *C. vagus*» e per avermi sempre segnalato le fughe delle formiche e aver messo sopra le fuggiasche bicchierini e simili. Una donna che si è spinta là dove tante persone non riescono ad arrivare.

Ringrazio Luca Bertoni, per avermi suggerito alcune correzioni nei testi e per la precisione delle sue segnalazioni; Elia Nalini, per la sua precisione e disponibilità per l'identificazione di varie formiche; Giovanni Bertazzoli, di *formicarium.it*, per la disponibilità e per aver condiviso tante informazioni relative ai suoi allevamenti.

Ringrazio anche gli amici del gruppo Facebook *Mirmecologia Italia*.[4]

Photo credits: Maciej Nielubowicz

```
Re: Your Photos
Da:      Maciej Nielubowicz (mnielubowicz@gmail.com)     12 mag 2015 - 07:02
A:       "angelo.cardillo@libero.it"<angelo.cardillo@libero.it>

I allow you to use those pictures in your presentation. You can find more of my
pictures on the following websites:
http://www.mack.neostrada.pl/mrowki.html
https://plus.google.com/photos/113597179993975355904/albums
If you need any other help let me know.
Regards,
Maciej Nielubowicz
2015-05-11 23:50 GMT+02:00 angelo.cardillo@libero.it <angelo.cardillo@libero.it>:
Ciao Maciej,
Thank you for your email. It is more easy to show you the photo that I have. I
don't remember how i get it
Normally i use photo from antweb but yours are of live ants.. I like it
```

---

[4] https://www.facebook.com/groups/mirmecologiaitalia

Sommario

Premessa 3
Presentazione breve 4
Un po' di storia 9
Evoluzione 15
Caratteristiche generali 17
Ciclo vitale 18
Comunicazione 22
Armi di offesa e difesa 25
Intelligenza delle formiche 26
Formicai 27
Cibo 29
Rapporti con altri organismi 33
    Preparazione del materiale 42
    Quando iniziare? 45
    Dove cercare? 45
    Di notte? 46
Come inizia una colonia 47
    Fondazione claustrale 48
        Fondazione solitaria 51
        Fondazione in cooperazione temporanea ... 52
        Fondazione in collaborazione 52
    Fondazione semiclaustrale 53
    Fondazione a gemmazione 54
    Fondazione parassitaria 55
Problemi di muffe 64

Organizzazione dell'allevatore 65
Trasporto 71
Spostamenti 72
Fase di accrescimento 73
Antifuga 75
Arena di accrescimento 77
Fase colonia media 81
    Creare un'arena per la colonia matura 83
        Cosa non fare 83
        Arena con ghiaia 84
        Arena in gesso 85
    Il formicaio 89
        Come fare un formicaio 90
        Formicaio con terra 91
        Formicaio con lastre parallele 92
        Gesso 93
        Legno 95
        Gasbeton 96
        Plastica 102
        Altri materiali 102
Ibernazione 104
    Perché ibernare 107
    Come gestire l'ibernazione 107
Cura della colonia 110
    Abbeverare le formiche 110
    Fornire zuccheri 110
    Fornire cibo proteico 111
    Dieta Bhatkar 112
    Dieta Cardillo 113

    Scoprire il gusto della propria colonia 114
    Non solo cibo (raccomandazioni) 115
Come capire se stiamo facendo bene il nostro lavoro? 116
Schede di alcune specie italiane 119
    Camponotus vagus 119
    Camponotus herculeanus 126
    Camponotus nylanderi 134
    Formica fusca 137
    Formica lemani 144
    Formica (raptoformica) sanguinea 146
    Lasius emarginatus 158
    Lasius fuliginosus 162
    Lasius niger 180
    Lasius meridionalis (gruppo *Chthonolasius*) 184
    Manica rubida 194
    Messor capitatus 198
    Messor structor 201
    Myrmica rubra 205
    Polyergus rufescens 208
    Tetramorium caespitum 245
Allevare altri insetti 248
    Camole della farina (*Tenebrio molitor*) 248
    Blatte 251
Alcuni Diari 254
    Diario *Camponotus vagus* 255
    Diario *Lasius meridionalis (emarginatus)* 265
Disinformazione sulle formiche 275
    Fiabe 275
    Cartoni animati 276

Studi scientifici 278
Legenda 280
Trucchi dell'allevatore 281
Distinzione tra alcuni generi di formiche 284
Specie Italiane 289
Ringraziamenti 298

Ver. 1.26

Finito di stampare nel mese di Marzo 2019
presso:
Lulu Press, Inc.

www.ingramcontent.com/pod-product-compliance
Lightning Source LLC
Chambersburg PA
CBHW060823170526
45158CB00001B/68